中国海洋自然资源图集

Atlas of Marine Natural Resources in China

陈 斌　邹 亮　黄 磊　等◎编著

海洋出版社

2024年·北京

图书在版编目（CIP）数据

中国海洋自然资源图集 / 陈斌等编著. -- 北京 : 海洋出版社, 2024. 12. -- ISBN 978-7-5210-1426-6

Ⅰ. P74-64

中国国家版本馆CIP数据核字第2024M67C60号

审图号：GS京（2024）2750号

责任编辑：项　翔　江　波
责任印制：安　淼

海洋出版社　出版发行

http://www.oceanpress.com.cn

北京市海淀区大慧寺路 8 号　　邮编：100081

鸿博昊天科技有限公司印刷　　新华书店经销

2024年12月第1版　　2024年12月第1次印刷

开本：889mm × 1194mm　　1 / 8　　印张：14

字数：236千字　　定价：398.00元

发行部：010-62100090　　总编室：010-62100034

《中国海洋自然资源图集》指导委员会

《中国海洋自然资源图集》编制人员

序

海洋占据地球表面的71%，下覆岩石圈，上连大气圈，中间夹生物圈、水圈，是各个圈层之间作用形成的交互空间，具有独立性和特殊性。海洋是生命的摇篮，空间广袤辽阔，资源丰富多样。海洋自然资源是指海洋中一切能供人类利用的天然物质、能量和空间的总和。我国海域广阔，拥有丰富的海底矿产、海洋能、海洋空间、海洋生物等自然资源，种类繁多，开发利用潜力巨大。但面临数据精度、时效性和覆盖程度难以有效支撑服务委托代理、空间规划等管理需求的问题，海洋自然资源管理正处于探索阶段，因此，开展海洋自然资源调查成果集成，初步掌握我国海洋自然资源的基本状况，是生态文明建设和海洋强国建设的需要，对我国经济社会高质量发展，维护国家主权具有重要战略意义。

中国地质调查局组织青岛海洋地质研究所、广州海洋地质调查局等局属单位编制形成《中国海洋自然资源图集》。图集内容涵盖了海底矿产、海洋能、海洋空间、海洋生物、海水和海洋基质等多项内容，基本掌握了我国多门类海洋自然资源的数量、质量、资源潜力、开发利用状况和动态变化情况，可为我国海洋功能区规划、空间布局优化、海洋经济绿色发展、资源合理配置、重大工程规划建设、生态保护修复和减灾防灾等提供科学依据。

祝贺图集出版发行。

2024年10月

前 言

海洋自然资源是我国的基础资源和战略资源，对国家的生存发展和军事屏障起到重要的支撑作用。习近平总书记指出，要高度重视海洋生态文明建设，加强海洋环境污染防治，保护海洋生物多样性，实现海洋资源有序开发利用。为全力支撑国家关于推进生态文明建设和海洋强国战略的重大决策部署，更好地服务自然资源部“两统一”核心职责，中国地质调查局组织青岛海洋地质研究所、广州海洋地质调查局等局属单位，系统梳理了多年海洋地质调查成果，收集了农业农村部、原国家海洋局、相关科研院所等单位的数据资料，基本摸清我国海洋自然资源禀赋和生态环境本底状况，编制形成《中国海洋自然资源图集》（以下简称“图集”），可为我国海洋功能区规划、空间布局优化、海洋经济绿色发展、资源合理配置、重大工程规划建设、生态保护修复和减灾防灾等提供科学依据。

《图集》以海洋自然资源属性分类为依据，包含海底矿产、海洋能、海洋空间、海洋生物、海水、海洋基质等 6 部分内容，共 43 幅图件，全面总结了我国多门类海洋自然资源的数量、质量、分布等状况，围绕海洋资源潜力、海洋能开发利用、海洋牧场建设、海洋生物多样性等开展了综合评价和区划，形成以下基本认识。

一、我国海底矿产资源丰富，海洋油气探明储量不断新增，天然气水合物产业化进程取得重大突破。

我国海域含油盆地共 35 个，根据 2015 年全国油气资源评价结果，我国近海含油气盆地石油地质资源量为 239×10^8 吨，可采资源量为 71×10^8 吨。我国浅海以及陆架区的海砂分布面积约为 20 万平方千米，主要分布在辽东浅滩、北黄海东部、苏北浅滩、扬子浅滩、东海南部陆架、台湾浅滩等连片的海砂资源潜力区。2020 年，中国地质调查局组织实施的我国海域天然气水合物第二轮试采取得成功，在水深 1225 米的南海神狐海域，试采创造了“产气总量 86.14 万立方米，日均产气量 2.87 万立方米”两项新的世界纪录，在产业化进程中，取得重大标志性成果。

二、我国海洋能资源潜力巨大，潮流能、波浪能、温差能开发前景广阔。

我国海洋能总蕴藏量为 15.8 亿千瓦，理论年发电量为 13.8 万亿千瓦时，总技术可开发装机容量为 6.47 亿千瓦，年发电量为 3.94 万亿千瓦时。潮汐能蕴藏量约为 2 570 万千瓦，技术可开发量约为 2 280 万千瓦。其中福建和浙江海岸线潮汐能量密度和库容条件最优，辽东半岛南岸、山东半岛南岸和广西东部岸段条件较好。潮流能蕴藏量约为 833 万千瓦，技术可开发量约为 167 万千瓦。潮流能资源空间分布不均匀，以浙江省沿岸资源最为丰富，占潮流能蕴藏量的50%以上，主要集中在杭州湾口和舟山群岛海域。波浪能蕴藏量约为1 600万千瓦，技术可开发量约为1 470万千瓦。南海北部波浪能资源最为丰富。浙江南部、福建和广东沿岸海域波浪能资源较为丰富。温差能是海洋能中最稳定、可持续提供基荷电力供应的能种，但目前还处于发展初期阶段。我国海洋温差能极为丰富，理论蕴藏量可达5.06亿千瓦。

三、我国拥有丰富的海洋空间资源，海洋灾害风险总体不高，产业用海结构不断优化，涉海保护地面积逐年增加。

我国主张管辖的海域面积约为300万平方千米，海岸线长度约为3.2万千米，其中，大陆海岸线约为1.8万千米，岛屿岸线约为1.4万千米。我国共有海岛11 000多个，其中，无居民海岛约占90%。我国2021年海洋生产总值首次突破9万亿元，比上年增长8.3%，对国民经济增长的贡献率为8.0%，海洋一、二、三次产业占比为5.0∶33.4∶61.6，海洋产业结构不断优化。截至2017年底，我国海洋用海确权面积共计24 532.92平方千米，以海洋渔业用海、交通运输业用海、海洋工程建筑业用海等产业为主。我国海洋保护区数量和面积逐年增加，截至2019年底，已建立271个不同级别的海洋保护区，总面积约12.4万平方千米，占我国管辖海域的4.1%。我国沿海滩涂面积为15 123平方千米，红树林面积为271平方千米，盐沼湿地面积为1 234平方千米，海草床面积为88平方千米。我国海洋灾害风险总体不高，灾害类型以风暴潮、海浪和赤潮等灾害为主，海冰、绿潮等灾害也有不同程度发生。海洋灾害的高风险区分布在广东省的湛江、珠江口，福建省宁德至浙江省的台州岸段，主要受夏季台风影响。2021年，我国海洋灾害造成30亿直接经济损失，低于近十年平均值。

四、我国海域生物资源丰富，种类繁多，呈现很高的生物多样性。

我国广阔的海域面积、复杂的地形、变化多样的海水理化性质等，使中国海呈现了很高的生物多样性，海洋生物种类超过20 000种，以鱼类、头足类、虾蟹类为主，暖水种居多，海洋物种数量从北向南递增，黄海、渤海140种，东海4 167种，南海5 613种，广泛分布在渤海、黄海、舟山群岛、广东沿海、北部湾等重要渔场。浮游植物细胞丰度夏季最高，在台湾暖流、黄海暖流、长江冲淡水的影响下，高值区主要分布在渤海湾、黄海南部、长江口、台湾海峡和粤闽近岸海域，细胞丰度大于$10\ 000 \times 10^4$个每立方米。浮游动物生物量春、夏季最高，主要分布在黄海北部东侧外海海域，次高值区主要分布在秦皇岛近岸、黄海中部东侧、长江口、闽南近岸和粤西近岸海域，生物量大于2 500毫克每立方米；浮游动物丰度春季最高，主要分布在东海三门湾邻近海域，次高值区主要分布在渤海南部、黄海北部和中部外海、舟山群岛外海和北部湾北部海域，丰度大于2 500个每立方米。大型底栖生物的生物量春、夏季最高，主要分布在辽东半岛东侧、海州湾、舟山群岛以东海域和粤西、北部湾北部近岸海域，生物量大于50克每平方米；大型底栖生物栖息密度季节性差异不大，总体呈由近岸向外海降低的趋势，近岸海域栖息密度一般大于500个每平方米。

五、我国海域环境质量整体良好，东部较发达城市沿海和河口海湾地区海域环境质量相对较差。

我国管辖海域水质总体稳中趋好，2023年，夏季符合第一类海水水质标准的海域面积占管辖海域面积的97.9%，近岸海域水质持续改善，优良水质面积比例为85.0%，劣四类水质海域主要分布在辽东湾、长江口、杭州湾、珠江口等近岸海域，主要超标指标为无机氮和活性磷酸盐。我国海域海底沉积物重金属元素含量总体处于较低水平，海底沉积物重金属含量高值区主要分布在辽宁葫芦岛、山东日照以及珠江口等近岸海域，重金属含量中等－较低区集中分布在经济比较发达的渤海西部及北部、山东半岛沿岸、长江三角洲、浙闽沿岸区、珠江三角洲南部、北部湾及南海东北部海域。

《中国海洋自然资源图集》的编制工作是一项极为复杂的系统工程，涉及面广，信息量大，编制组虽竭尽全力，但由于时间仓促、工作创新性强、数据资料获取难及编者水平有限等原因，图集中如有谬误和不足，敬请批评指正。

编制组

2024年11月

目　录

海底矿产

海洋能

海洋空间

海洋生物

海　水

海洋基质

中国海洋自然资源图集

Atlas of Marine Natural Resources in China

1

海底矿产

中国海域油气资源分布图

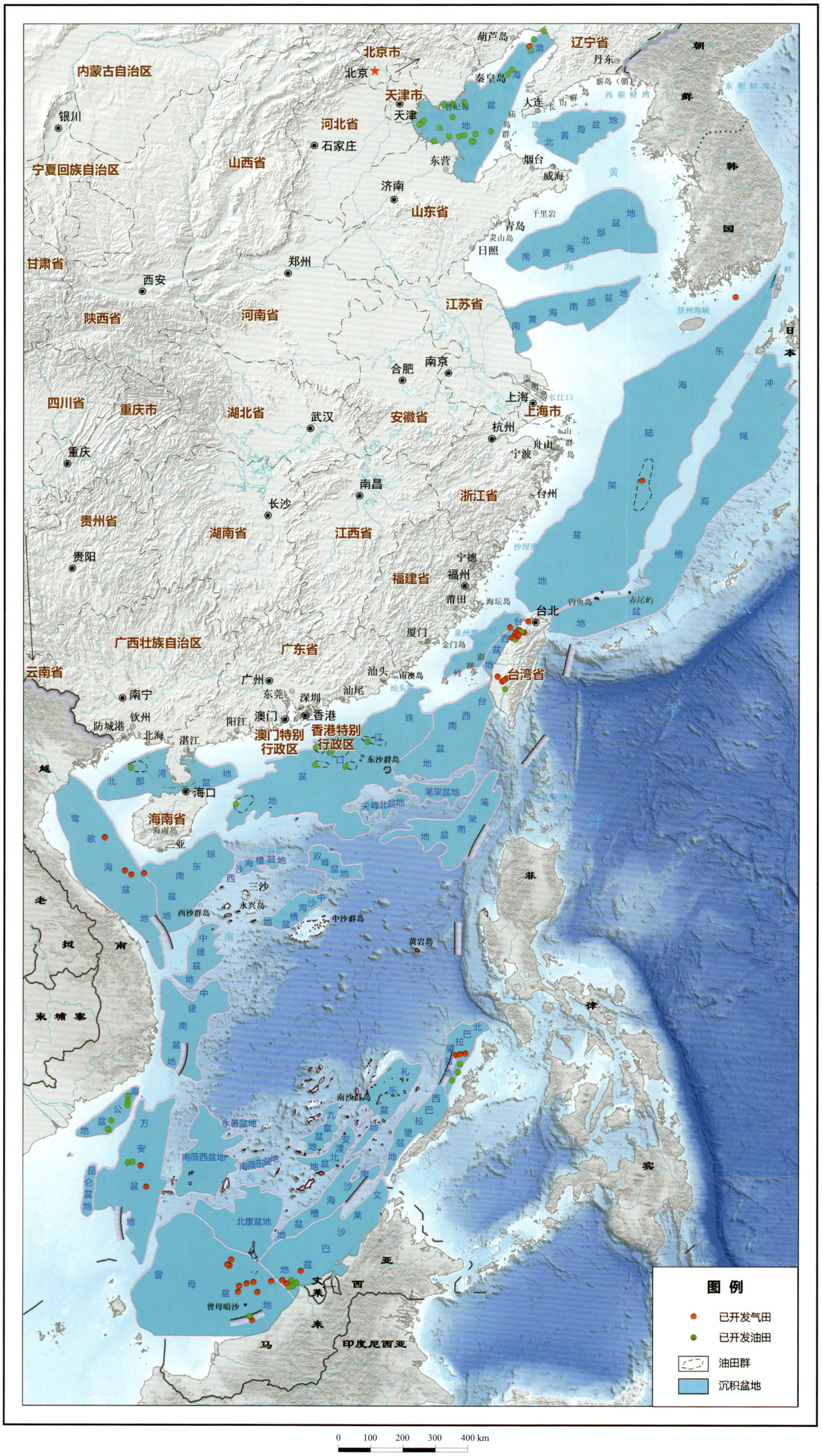

中国海域油气资源分布图

简要说明

一、图件说明

根据2015年全国油气资源评价结果，我国近海含油气盆地石油地质资源量为239亿吨，可采资源量为71亿吨；天然气地质资源量为20.9万亿立方米，可采资源量为12.2万亿立方米。截至2013年底，累计发现约193个油气田，其中油田166个，气田27个。南海中南部海域油气地质资源量与中国近海大致相当，勘探逐步自浅水向深水拓展，获得至少26个储量丰富的深水油气发现。

近年来，我国海域获得了蓬莱9-1、陵水17-2、宁波17-1、宁波22-1、秦皇岛29-2等5个探明储量达亿吨油当量的油气田，其中深水油气勘探的重要发现尤为受到关注。我国公益性、战略性油气调查成果丰硕，圈定了我国管辖海域新区、新层系有利区带。

二、图件编制

本图根据海域油气勘探工作进展及重要勘探成果进行绘制。海洋油气资源潜力评价要素主要包括沉积岩面积、沉积岩厚度、体积资源量密度。

三、资料来源

本图数据资料主要来源于《中国海海洋地质系列图》和中国地质调查局组织实施的海洋油气资源专项调查。

中国海域固体矿产资源远景区分布图

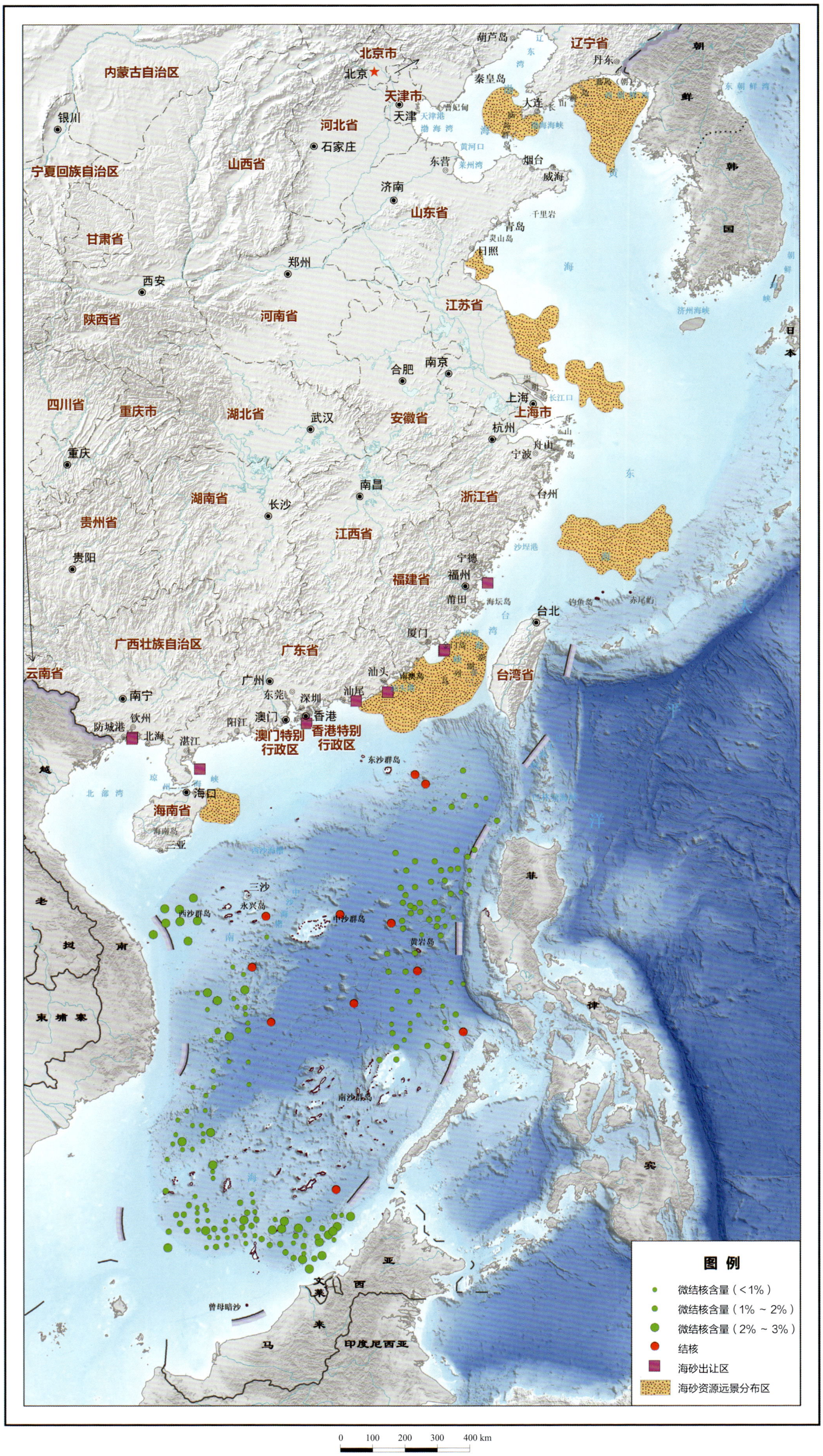

中国海域固体矿产资源远景区分布图

简要说明

一、图件说明

我国海域蕴藏着丰富的海砂等固体矿产资源。海砂资源主要分布在我国部分入海河口、岛屿周边以及陆架浅海。陆架浅海海砂分布较广，其中辽东浅滩、北黄海东部、苏北浅滩、扬子浅滩、东海南部陆架、台湾浅滩等为连片海砂资源远景分布区，面积 20 万平方千米。

为满足区域发展需求，自然资源部在广东、福建、海南、广西、辽宁等沿海省（区）实施“两权合一”海砂出让试点，出让区块十余个，总面积约 38 平方千米。

大洋铁锰结核通常形成于 2 000 ～ 6 000 米水深的海底，是重要的大洋多金属矿产资源，我国的铁锰结核和结壳主要分布在南海，较大储量的铁锰结核资源较少见。

二、图件编制

本图根据我国海砂资源专项、海洋区域地质等调查成果绘制。海砂资源远景分布区为表层沉积物平均粒径大于 0.075 毫米的区域。南海海域铁锰结核发现处用点表示，红色代表结核，是矿石主要存在形式，绿色代表微结核，其含量在沉积物中一般小于 3%。

三、资料来源

本图数据资料主要来源于中国地质调查局组织实施的近海海砂及相关资源潜力、海洋基础地质、海岸带综合地质等调查。

中国海砂资源远景分布区统计表

海砂资源远景区	面积（平方千米）
辽东浅滩	18 700
北黄海东部	38 400
海州湾	4 220
苏北浅滩	20 300
扬子浅滩	17 500
东海南部陆架	45 400
台湾浅滩	60 886
海南东北部海域	10 597

我国海砂“两权”出让区统计表

海砂资源出让区	面积（平方千米）	出让年份
福州闽江口海域	3.00	2021 年
厦门湾口海域	12.03	2021—2022 年
揭阳靖海湾东南海域	2.15	2022 年
汕尾施公寮岛海域	2.30	2022 年
珠江口外伶仃东海域	1.927	2020 年
湛江徐闻东海域	4.77	2021 年
钦州三墩海域	11.6	2019—2020 年

2

海洋能

中国海域风能资源分布图

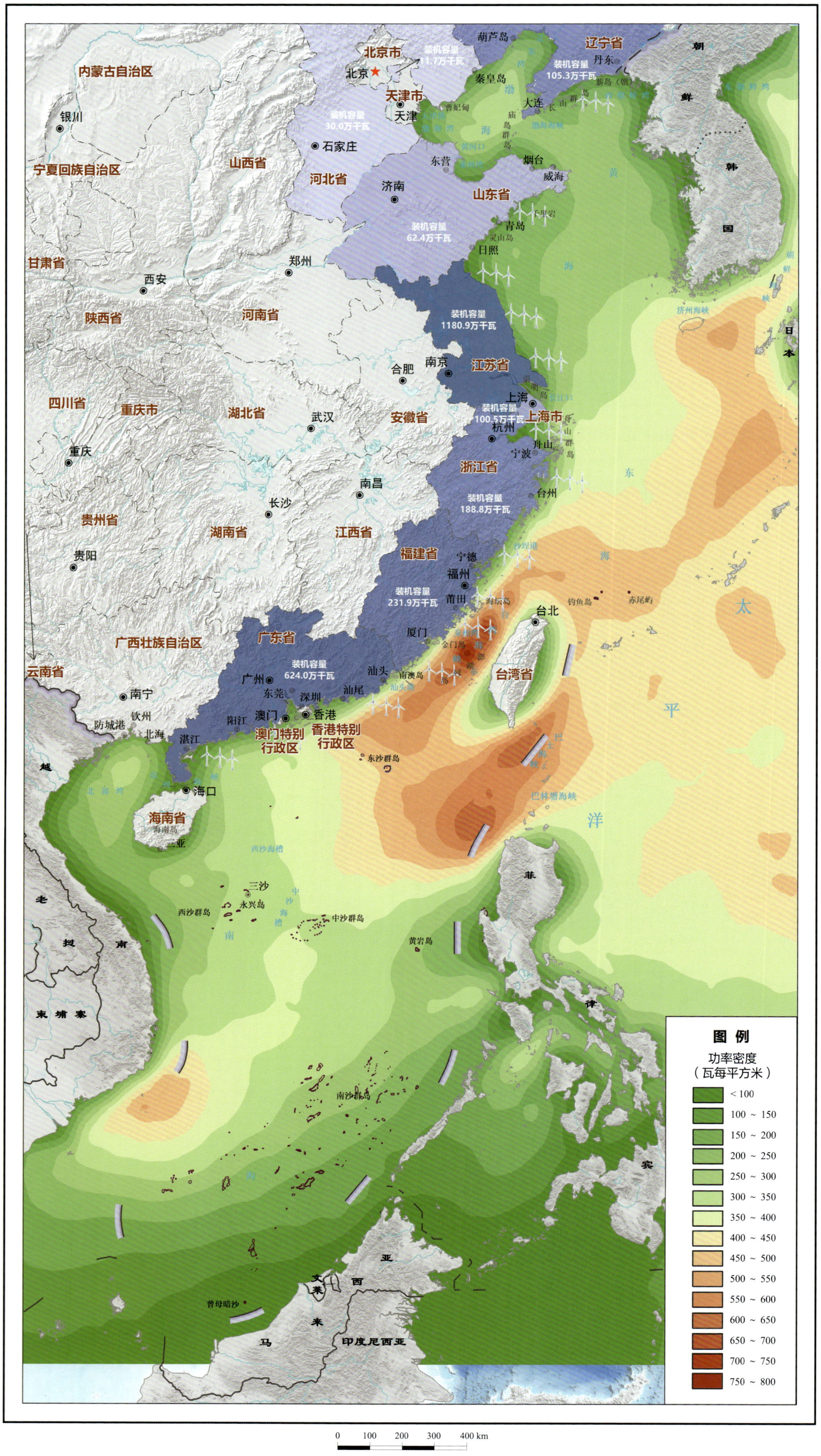

中国海域风能资源分布图

简要说明

一、图件说明

我国近海风速大、风功率密度高，海上风能资源极为丰富。近海 50 米以浅海域 10 米高度风能资源总蕴藏量约 8.8 亿千瓦，技术可开发量约 5.7 亿千瓦，其中 60% 以上海域的风能资源较为丰富，年平均功率密度在 150 千瓦每平方米以上，可利用区占海域面积的 87%，主要分布在渤海北部、黄海北部、山东半岛东部近海、江苏近海、杭州湾、福建近海、广东近海、广西近海等沿岸海域。

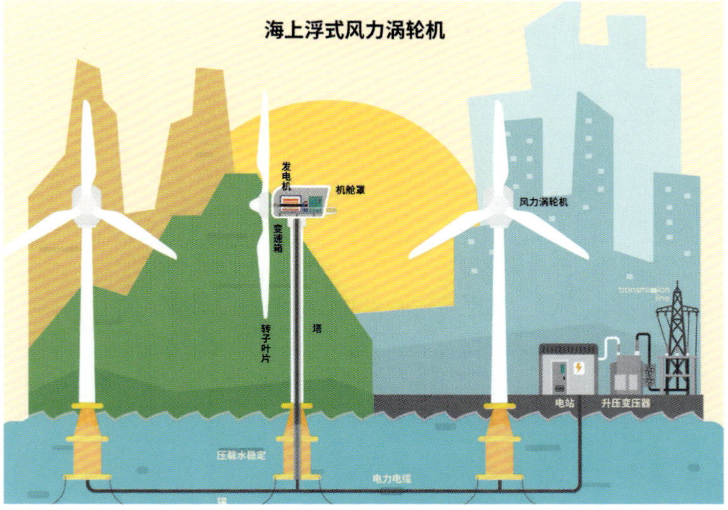

海上发电原理图

目前我国海上风电开发势头强劲，2021 年全国海上风电新增并网容量为 1 690 万千瓦，同比增长 4.5 倍，累计容量跃居世界第一。江苏省海上风电累计装机容量达 1 180.5 万千瓦，占我国海上风电累计装机容量的 46.5%。

二、图件编制

风功率密度是气流在单位时间内垂直通过单位截面积的风能，计算公式如下：

$$D_{WP}=\frac{1}{2n}\sum_{i=1}^{1}\rho v_i^3$$

式中：

D_{WP}—平均风功率密度，单位为瓦每平方米；

n—在设定时段内的记录数；

ρ—空气密度，单位为千克每立方米；

v_i^3—第 i 记录的风速值的立方，风速单位为米每秒。

年平均风功率密度是评价风能资源的主要指标，年平均风功率密度大于 200 瓦每平方米，为风能资源丰富区；年平均风功率密度介于 150 ~ 200 瓦每平方米，为风能资源较丰富区；年平均风功率密度介于 100 ~ 150 瓦每平方米，为风能资源可利用区；年平均风功率密度不大于 100 瓦每平方米，为风能资源贫乏区。用色差表示风功率密度大小。

三、资料来源

本图数据资料主要来源于美国宇航局物理海洋学数据中心发布的 2018 年 CCMP（Cross Calibrated Multi-Platform）风场资料。

50 米以浅海域 10 米高度风能资源量统计表（单位：万千瓦）

省区	蕴藏量	技术可开发量	省区	蕴藏量	技术可开发量
辽宁	7 980.8	4 411.6	浙江	7 550.0	5 001.5
河北	1 947.9	568.6	福建	17 335.7	13 305.9
天津	86.0	11.0	广东	13 152.9	8 107.7
山东	12 828.7	7 299.0	广西	4 741.9	2 970.5
江苏	17 712.6	12 610.8	海南	2 658.8	1 116.7
上海	2 321.1	1 631.0	合计	88 316.4	57 034.3

中国海域潮汐能资源分布图

中国海域潮汐能资源分布图

简要说明

一、图件说明

我国潮汐能资源丰富，长达 32 000 多千米的大陆和岛屿海岸线中蕴藏着丰富的潮汐能资源。据不完全统计，我国潮汐能蕴藏量约 19 286 万千瓦，技术可开发量约 2 283 万千瓦。福建和浙江海岸线曲折，海湾较多，以基岩港湾为主，潮差大，潮汐能量密度和库容条件最优，具有很好的潮汐电站建站条件。其次，辽东半岛南岸、山东半岛南岸和广西东部岸段条件也较好。

我国潮汐能技术可开发装机容量大于 500 千瓦的坝址共 171 个，主要集中在浙江和福建，潮汐能技术可开发装机容量约为 2 067 万千瓦，年发电量约为 567 亿千瓦时，约占全国技术可开发量的 90.5%。

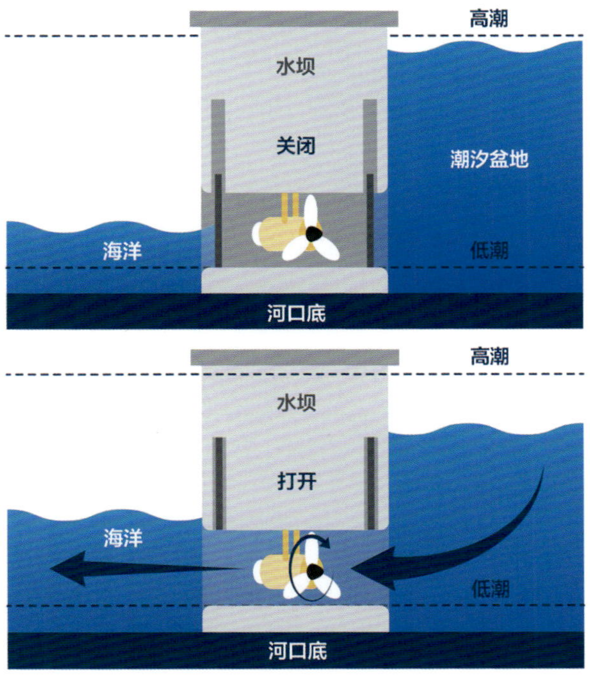

潮汐能原理图

二、图件编制

正规半日潮海区平均理论功率按下式估算：

$$N_1=\frac{1}{2}225H^2F$$

正规全日潮海区平均理论功率按下式估算：

$$N_2=\frac{1}{2}\times 225H^2F$$

混合潮海区平均理论功率按下式估算：

$$N_3=\frac{1}{2}\times 225H^2F\left(1+\frac{4-\lambda}{\lambda}\right)$$

式中：

N—理论平均功率，单位为千瓦；

H—平均潮差，单位为米；

F—平均高潮时的港湾纳潮库面积，单位为平方千米；

λ—潮型系数。

潮汐能资源区划以潮差作为主要指标，将潮汐能资源划分为 4 个等级。平均潮差大于 5 米的海湾为潮汐能丰富区；平均潮差介于 4 ~ 5 米的海湾为潮汐能较丰富区；平均潮差介于 3 ~ 4 米的海湾为潮汐能可利用区；平均潮差小于 3 米的海湾为潮汐能贫乏区。本图根据中国近海潮汐能功率密度分布图数字化绘制，用色差表示潮汐能功率密度大小。

三、资料来源

本图数据资料主要来源于《中国近海海洋——海洋可再生能源》并结合中国地质调查局组织实施的系列海洋地质调查结果进行数值模拟修正。

500 千瓦以上潮汐能站址资源量统计表（单位：万千瓦）

省区	蕴藏量	技术可开发量	省区	蕴藏量	技术可开发量
辽宁	59.2	52.63	福建	1361	1 210.46
河北	0.1	0.09	广东	39.7	35.26
山东	20.2	17.99	广西	39.5	35.15
上海	79.7	70.91	海南	4.00	3.57
浙江	964	856.85	合计	2 567.4	2 282.91

中国海域潮流能资源分布图

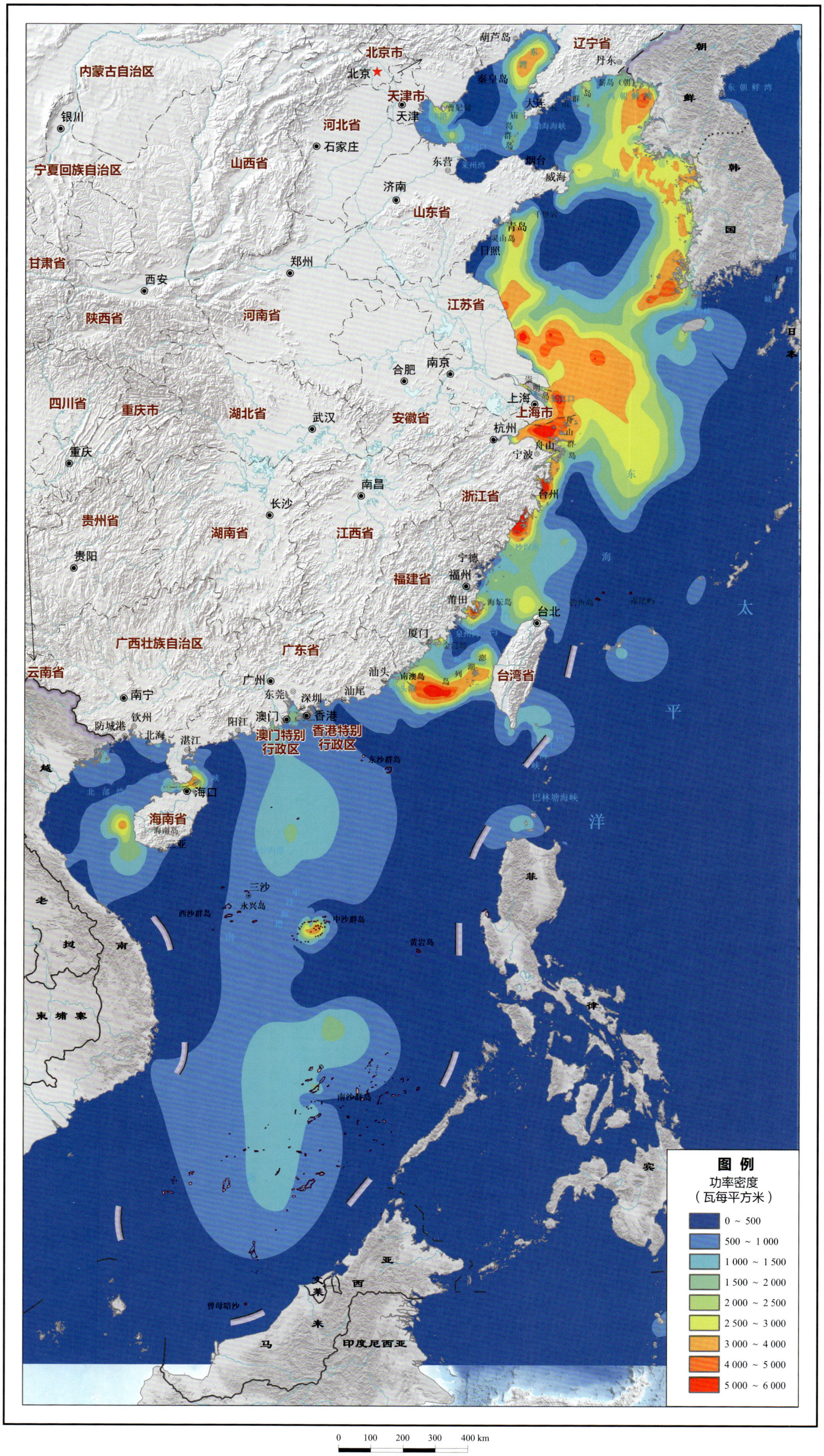

中国海域潮流能资源分布图

简要说明

一、图件说明

我国潮流能资源丰富，近海主要水道的潮流能蕴藏量约为 833 万千瓦，技术可开发量约为 167 万千瓦。我国潮流能资源空间分布很不均匀，浙江省沿岸海域潮流能资源最为丰富，约为 517 万千瓦，占我国潮流能蕴藏量的 50% 以上，主要集中在杭州湾口和舟山群岛海域，该区潮流流速大、建站条件好，发电易于入网。其次为山东、江苏、福建、广东、海南和辽宁，合计约占潮流能蕴藏量的 38%，其他地区沿岸海域潮流能资源较少。

潮流能原理图

目前，我国潮流能总装机规模已达 3 820 千瓦，居世界第二位，仅次于英国。我国自主研发的 LHD 潮流能装置已在舟山并网发电，连续运行时间超过 60 个月，总装机规模达 1 700 千瓦，连续运行时间和发电量均居世界前列。

二、图件编制

潮流能平均功率密度是指某时间段内功率密度的平均值。计算公式如下：

$$P=\frac{1}{2}\rho v^{3}$$

式中：

P—功率密度，单位为瓦每平方米；

ρ—海水密度，单位为千克每立方米；

v—海水水平流速，单位为米每秒。

按照水道或海域最大潮流能资源截面的大潮平均功率密度作为参考值，将潮流能资源划分为 4 级。大潮平均功率密度大于 8 千瓦每平方米的海域为潮流能资源丰富区；大潮平均功率密度介于 4 ~ 8 千瓦每平方米的海域为潮流能资源较丰富区；大潮平均功率密度介于 0.8 ~ 4 千瓦每平方米的海域为潮流能资源可利用区，大潮平均功率密度小于 0.8 千瓦每平方米的海域为潮流能资源贫乏区。用色差表示潮流能功率密度大小。

三、资料来源

本图数据资料主要来源于《中国近海海洋——海洋可再生能源》并结合中国地质调查局组织实施的系列海洋地质调查结果进行数值模拟修正。

潮流能资源量统计表（单位：万千瓦）

省区	蕴藏量	技术可开发量	省区	蕴藏量	技术可开发量
辽宁	29.9	5.98	广东	33.65	6.73
山东	117.13	23.43	广西	2.31	0.46
江苏（含上海）	56.37	11.27	海南	30.55	6.11
浙江	516.77	103.35	合计	833.38	166.67
福建	46.7	9.34			

中国海域波浪能资源分布图

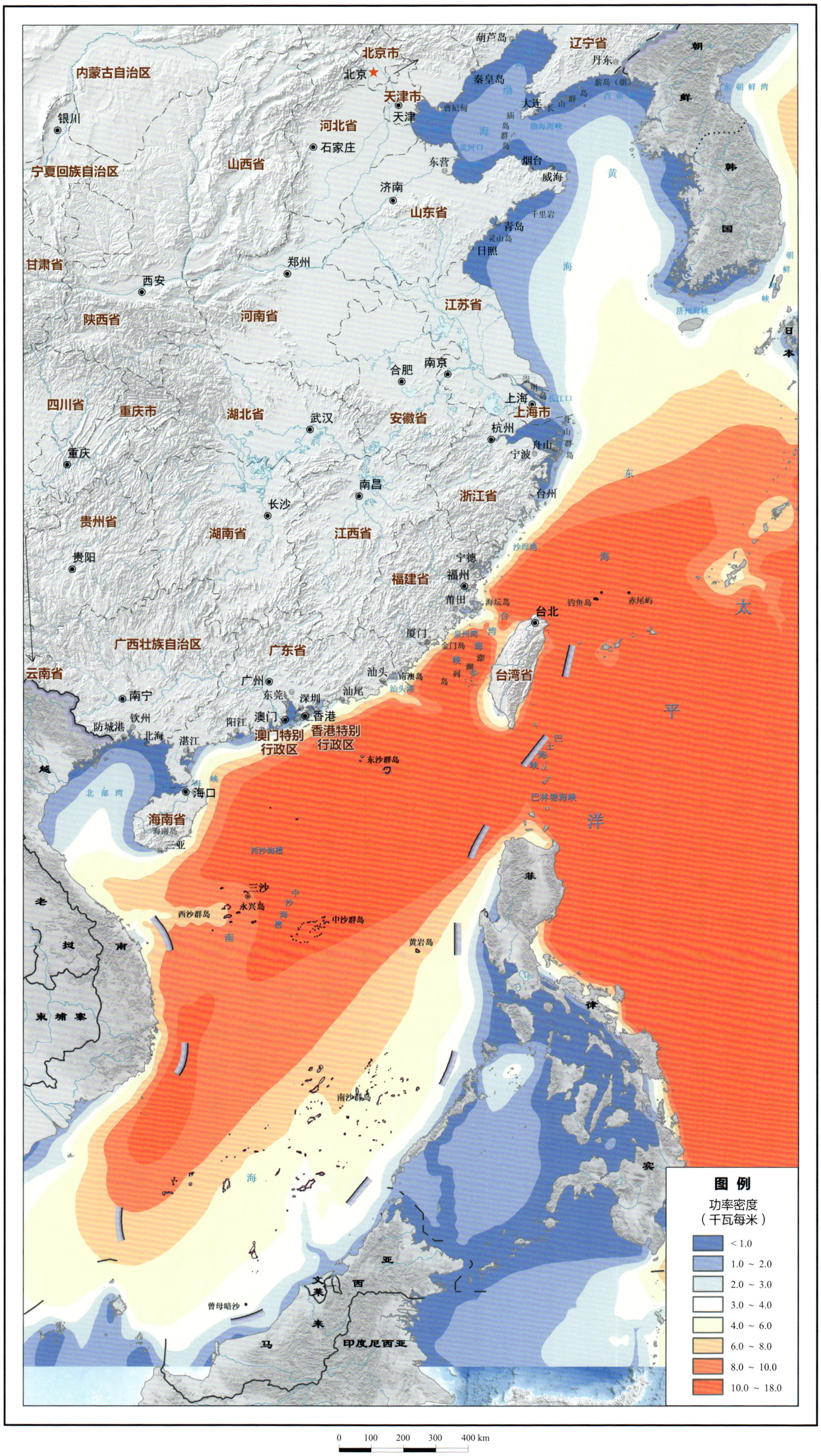

中国海域波浪能资源分布图

简要说明

一、图件说明

我国波浪能资源丰富，根据调查和利用波浪观测资料计算统计，我国沿岸波浪能资源理论蕴藏量约为 1 600 万千瓦，技术可开发量约为 1 470 万千瓦。总体上，年平均波功率密度由北到南、由近岸至远海逐渐增大。东海南部和南海的波浪能资源最为丰富，其中福建、台湾周边海域波浪能年平均波功率密度为 6 ~ 8 千瓦每米，南海北部、南海南部大部分海域波浪能年平均波功率密度超过 3 千瓦每米。

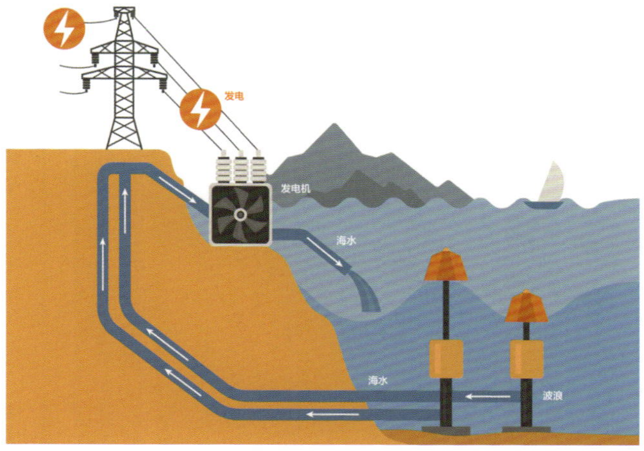

波浪能原理图

二、图件编制

波浪能功率密度是波浪能资源区划的主要指标，计算公式如下：

在浅水（$d/\lambda \leqslant \frac{1}{20}$）中，$P=\frac{\rho g H^2}{8}\sqrt{gd}$；

在中等水深（$\frac{1}{20} \leqslant d/\lambda \leqslant \frac{1}{2}$）中，

$$P=\sum\cdot\left[\frac{gT}{2\pi}tanh(kd)\right]\left[\frac{1}{2}\left(1+\frac{2kd}{sinh2kd}\right)\right];$$

在深水（$d/\lambda \geqslant \frac{1}{2}$）中，$P=\frac{\rho g^2}{64\pi}H_{1/3}^2T$。

式中：

P—波浪能功率密度，单位为千瓦每米；

d—水深，单位为米；

λ—波长，单位为米；

g—重力加速度，单位为米每平方秒；

ρ—海水密度，单位为千克每立方米；

H—波高，单位为米；

$H_{1/3}$—有效波高，单位为米；

T—能量周期，单位为秒。

根据波浪能功率密度可将波浪能资源划分为 4 个等级。年平均功率密度大于或等于 4 千瓦每米的海域为波浪能资源丰富区；年平均功率密度介于 2 ~ 4 千瓦每米的海域为波浪能资源较丰富区；年平均功率密度介于 1 ~ 2 千瓦每米的海域为波浪能资源可利用区；年平均功率密度小于 1 千瓦每米的海域为波浪能资源贫乏区。用色差表示波浪能功率密度大小。

三、资料来源

本图数据资料主要来源于《中国近海海洋——海洋可再生能源》并结合中国地质调查局组织实施的系列海洋地质调查结果进行数值模拟修正。

波浪能资源量统计表（单位：万千瓦）

省区	蕴藏量	技术可开发量	省区	蕴藏量	技术可开发量
辽宁	53.29	18.46	浙江	196.79	191.6
河北	10.54	9.95	福建	291.07	291.07
天津	1.45	1.37	广东	464.64	455.72
山东	87.64	48.38	广西	15.26	8.11
江苏	32.84	9.43	海南	425.53	420.49
上海	20.77	16.01	合计	1 599.82	1 470.59

中国海域温差能资源分布图

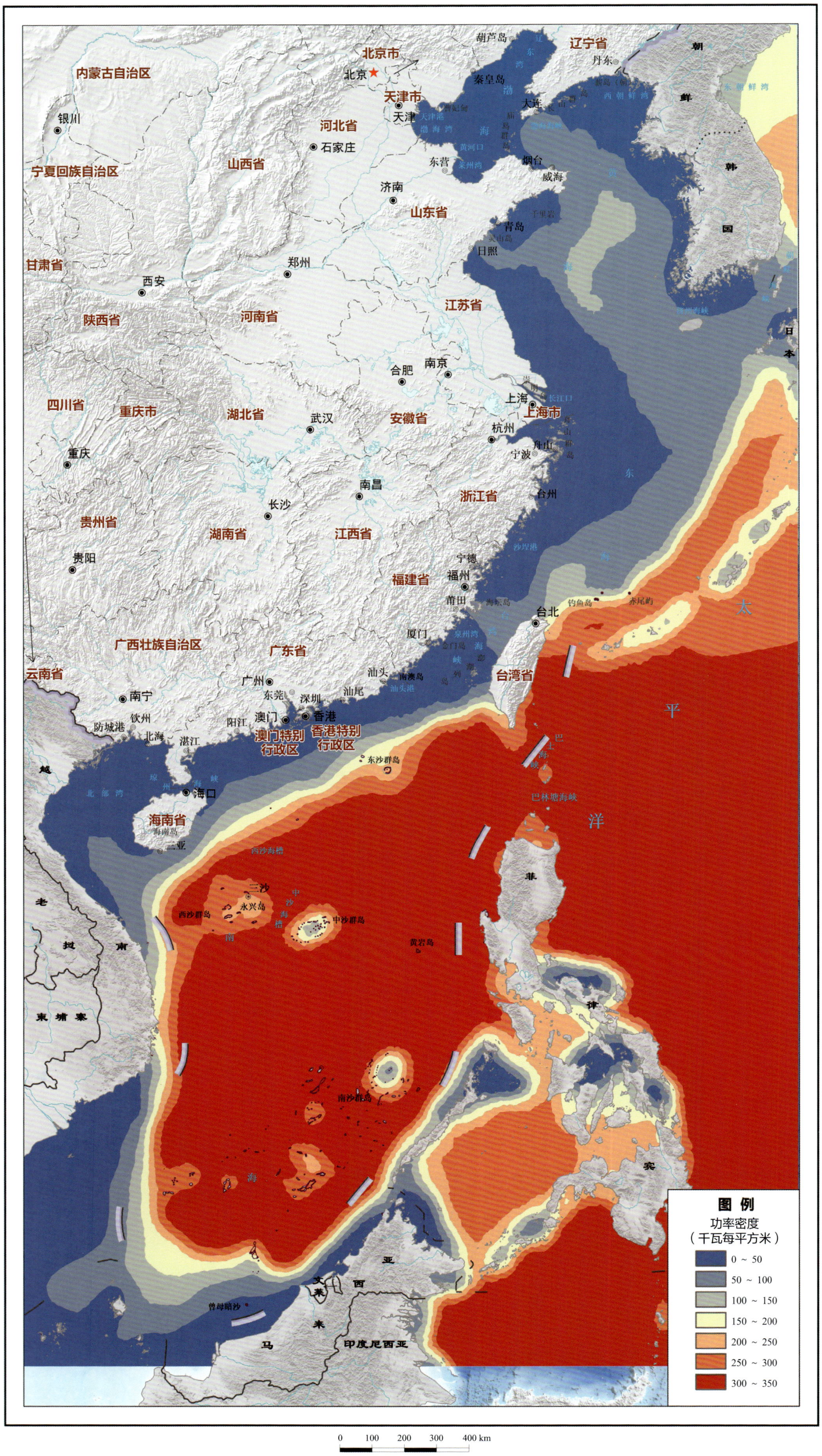

中国海域温差能资源分布图

简要说明

一、图件说明

我国海域温差能资源储量丰富，主要储藏于南海，其次是东海。据估算，中国近海海域的温差能资源理论蕴藏量为5.06亿千瓦，其中，渤海海域没有温差能资源，黄海海域温差能蕴藏量为470万千瓦，东海海域温差能蕴藏量为6 960万千瓦，南海海域温差能蕴藏量为4.32亿千瓦。南海表层与深层海水温差大于18℃水体蕴藏的温差能为3.87亿千瓦。

南海中部和南部深水海域温差能资源和开发条件优越，具有广阔的开发前景，尤其是西沙和中沙群岛，其边坡陡峻，是良好的陆基式或陆架式温差电站站址，可作为温差能开发试验的场地。

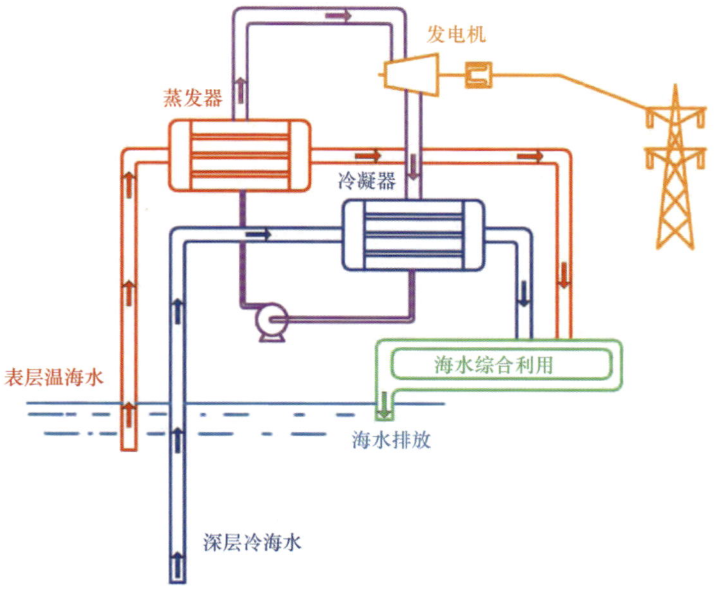

温差能发电原理（付强等，2021）

二、图件编制

温差能功率密度是温差能资源区划的主要指标，计算公式如下：

$$\varepsilon = \rho C \Delta T$$

式中：

ε—海水温差能功率密度，单位为焦耳每立方米；

ρ—海水密度，单位为千克每立方米；

C—海水比热，单位为焦耳每千克摄氏度；

ΔT—上层温海水与深层冷海水温度的差，单位为摄氏度。

根据温差能功率密度可将温差能资源划分为4个等级。功率密度大于200千瓦每平方千米的海域为温差能资源丰富区；功率密度介于100～200千瓦每平方千米的海域为温差能资源较丰富区；功率密度介于10～100千瓦每平方千米的海域为温差能资源可利用区；海水表层和深层最大温度差小于18℃的海域，功率密度小于10千瓦每平方千米，为温差能资源贫乏区。用色差表示温差能平均密度大小。

三、资料来源

本图数据资料主要来源于《中国近海海洋——海洋可再生能源》并结合中国地质调查局组织实施的系列海洋地质调查结果进行数值模拟修正。

付强，王国荣，周守为，等，2021. 温差能与低温海水资源综合利用研究. 中国工程科学，23(6): 1−9.

中国海域盐差能资源分布图

中国海域盐差能资源分布图

简要说明

一、图件说明

我国沿岸入海河流众多，入海径流丰富。盐差能资源蕴藏量主要取决于河流入海的淡水量，入海流量越大盐差能资源越丰富。我国主要入海河流的盐差能资源蕴藏量约为 1.13 亿千瓦，技术可开发装机容量约为 1 131 万千瓦。长江口以南沿岸海域盐差能资源蕴藏量达 11.07 亿千瓦，占全国总量的 94%。

受河流入海水量和海水盐度影响，盐差能季节变化和年际变化显著，汛期盐差能资源量可占到全年的 60% 以上。

二、图件编制

盐差能功率密度是盐差能资源区划的主要指标，计算公式如下：

$$N = \pi Q$$

式中：

N—盐差能功率密度，单位为千瓦；

π—渗透压，单位为焦耳每立方米；

Q—淡水流量，单位为立方米每秒。

根据盐差能年平均功率将盐差能资源划分为 4 个等级。年平均功率大于 200 万千瓦的海域为盐差能资源丰富区；年平均功率介于 100 万 ~ 200 万千瓦的海域为盐差能资源较丰富区；年平均功率介于 20 万 ~ 100 万千瓦的海域为盐差能资源可利用区；年平均功率小于 20 万千瓦的海域为盐差能资源贫乏区。本图根据中国近海盐差能年平均功率分布图数字化绘制。

三、资料来源

本图数据资料主要来源于《中国近海海洋——海洋可再生能源》。

中国海域海洋能开发利用适宜性评价分区图

0 100 200 300 400 km

0 100 200 300 400 km

0 100 200 300 400 km

0 100 200 300 400 km

中国海域海洋能开发利用适宜性评价分区图

简要说明

一、图件说明

海洋能主要包括潮汐能、潮流能、波浪能、温差能等。海洋能具有绿色、清洁、无碳排放、可再生等优点，符合碳中和发展需求，在能源转换中占有重要地位，对沿海和海岛经济发展、生态环境保护和海洋国防建设具有十分重要的战略意义。地质环境是海洋能合理规划建设的重要因素，利用层次分析法确定各评价指标权重值，基于模糊综合评价结果和数据统计分析，将我国近海海洋能建设地质环境适宜性评价划分为 3 级：适宜区、较适宜区、不适宜区。

潮汐能适宜区主要分布于北黄海西部、山东半岛南部近岸、苏北 - 长江口 - 杭州湾海域、北部湾东部等。区域内潮汐能资源丰富，海岸线类型基本都是基岩海岸，冲淤条件较好，不易淤积。

潮流能适宜区主要分布在杭州湾、舟山群岛海域、苏北近岸、台湾海峡南部、琼州海峡西侧等海域。以上区域潮流能资源丰富，同时避开了沙脊、沟槽等海底不稳定区和断裂构造发育区，地形较为平坦、淤泥层较薄、海底表面承载力较好。

波浪能适宜区主要分布在东海东部和南海北部波浪能资源丰富区，避开沙脊、麻坑等海底不稳定区域。

温差能适宜区主要分布在冲绳海槽附近、台湾东部海域以及南海大部分海域。

二、图件编制

本图评价因子主要包括海洋能资源量、海岸线类型、水深地形、海底地貌类型、地层分布、地质灾害发育情况等因素。根据对评价因子稳定性的影响程度分别赋予 5 个等级的隶属度值，即 0.15、0.30、0.55、0.80、0.85。利用层次分析法，根据实际数值得出各评价指标的权重值。通过模糊矩阵运算，得到评价单元的综合评价结果。评价值介于 0 ~ 0.3 为不适宜区、0.3 ~ 0.5 为较适宜区，0.5 ~ 0.85 为适宜区。

三、资料来源

本图数据资料主要来源于《中国近海海洋——海洋可再生能源》、中国地质调查局海洋区域地质、海岸带综合地质等调查的数据。

中国海洋自然资源图集

Atlas of Marine Natural Resources in China

3

海洋空间

中国海洋经济产业分布图

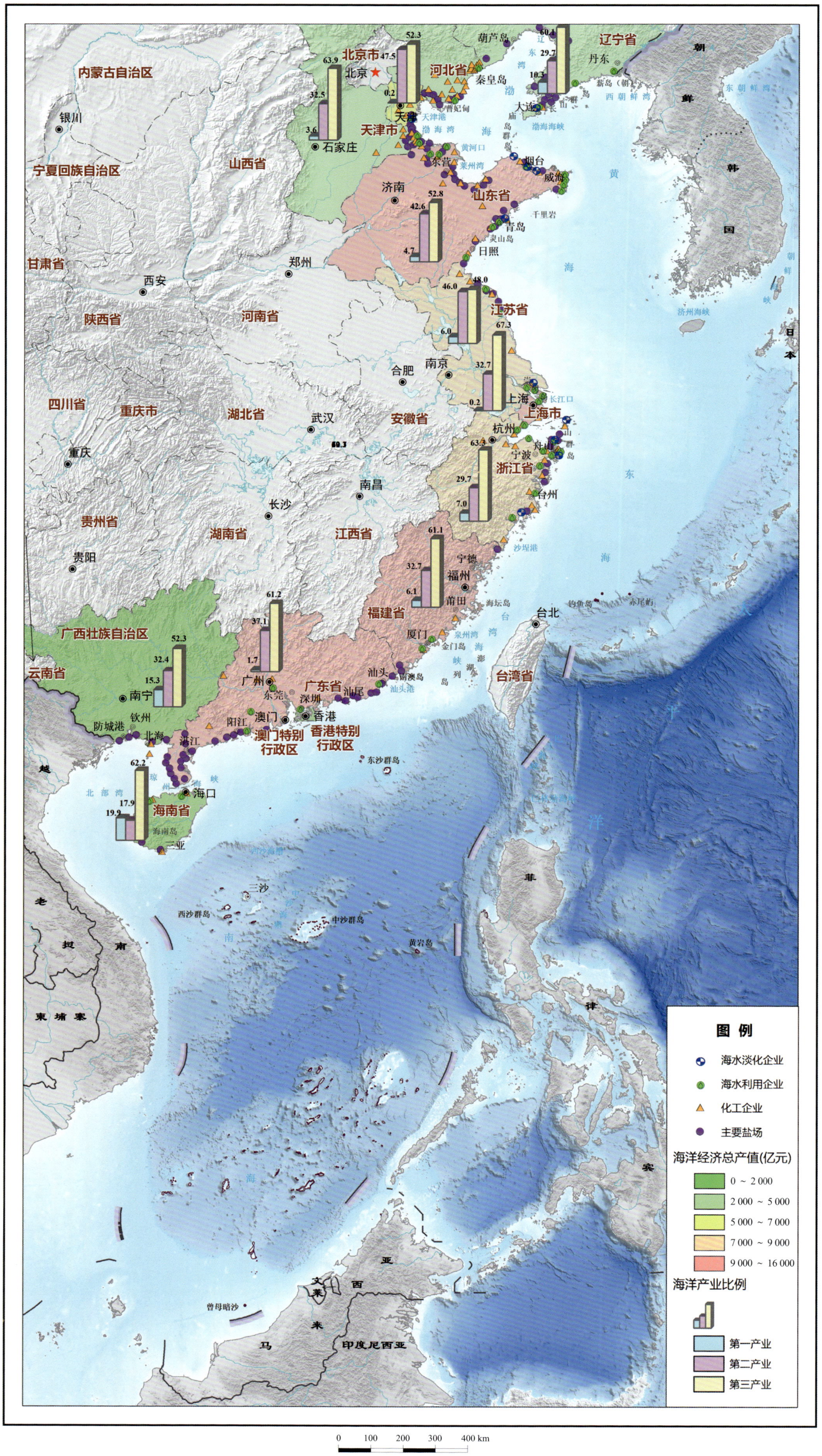

中国海洋经济产业分布图

简要说明

一、图件说明

2021 年，我国海洋生产总值首次突破 9 万亿元，达 90 385 亿元，比上年增长 8.3%，对国民经济增长的贡献率为 8.0%，占沿海地区生产总值的比重为 15.0%，海洋第一、第二、第三产业占比为 5.0 ∶ 33.4 ∶ 61.6，主要海洋产业增加值 34 050 亿元，比上年增长 10.0%。

海洋产业结构进一步优化，发展潜力与韧性彰显。海洋电力业、海水利用业和海洋生物医药业等新兴产业增势持续扩大，滨海旅游业实现恢复性增长。海洋交通运输业和海洋船舶工业等传统产业呈现较快增长态势。涉海企业在市场化改革的方向下具有活跃性、创新性、贡献性的显著特点与优势，涉海企业改革、创新、发展逐渐成为海洋经济、海洋管理的焦点。

从地区来看，全国海洋经济产业生产总值较高的省市有山东、广东、福建和上海。天津、上海、广东的海洋经济产业结构优势明显，第一产业占比低，传统海洋产业优化升级，海洋新兴产业持续壮大。

二、图件编制

本图以沿海省区市海洋经济生产总值作为主要指标，划分为 5 个等级，分别为 0 ~ 2 000 亿元、2 001 ~ 5 000 亿元、5 001 ~ 7 000 亿元、7 001 ~ 9 000 亿元、9 001 ~ 20 000 亿元；对海洋经济产业的归类方式按照社会分工程度不同和产业间的递进关系划分为海洋第一、第二、第三产业。将人类简单开拓使用资源的部分归为第一产业；将对资源再加工的产业归为第二产业；第三产业是提供非物质价值为特点的产业。同时展示了跟海水淡化、海水利用、海水化工、主要盐场等相关的涉海企业分布，以不同颜色点状要素标示我国主要涉海企业分布位置。

三、资料来源

本图数据资料主要来源于《2021 年中国海洋经济统计公报》和《中国近海海洋图集——沿海社会经济》。

2021 年主要海洋产业生产总量统计表

序号	产业类型	总量（亿元）	增速（百分比）	序号	产业类型	总量（亿元）	增速（百分比）
1	海洋渔业	5 297	4.5	7	海洋电力业	329	30.5
2	海洋油气业	1 618	6.4	8	海水利用业	24	16.4
3	海洋矿业	180	−3.4	9	海洋船舶工业	1 264	7.7
4	海洋盐业	34	−12.2	10	海洋工程建筑业	1 432	2.6
5	海洋化工业	617	6.0	11	海洋交通运输业	7 466	10.3
6	海洋生物医药业	494	18.7	12	滨海旅游业	15 297	12.8

中国主要港口航线分布图

0 100 200 300 400 km

中国主要港口航线分布图

简要说明

一、图件说明

港口、航线是海洋空间资源的具体利用。目前我国已建成世界级港口群，港口规模稳居世界第一，2021 年全国港口完成货物吞吐量 155.5 亿吨。据《2021 年全球港口发展报告》统计，排名前 50 的港口，中国独揽 28 个席位；排名前 10 的港口中，中国占据 8 个席位。宁波舟山港以 12.2 亿吨的吞吐量位列世界第一，也是唯一的十亿吨级港口。

沿海航线是沿海各港之间的海上运输航线。厦门以北至鸭绿江口为北方沿海航区，以上海、大连为中心，主要有上海—青岛—大连、上海—烟台—天津、上海—秦皇岛等航线。厦门以南至北仑河口为南方沿海航区，以广州为中心，主要有广州—汕头、广州—北海、广州—湛江等航线。

大洋航线可分为近洋航线和远洋航线。我国近洋航线主要包括新马线、暹罗湾线、孟加拉湾线、菲律宾线、印度尼西亚线、巴布亚新几内亚线、日本线、韩国线、波斯湾线等。我国远洋航线主要包括地中海线、西北欧线、美国加拿大线、南美洲西岸线等。

夜间灯光指数在一定程度上既反映着城市经济水平，又反映着人口集中的分布情况。本图展示了沿海各省区市夜间灯光分布特征。天津、青岛、上海、舟山、宁波、厦门、粤港澳大湾区等地的夜间灯光亮度较高，也反映了当地港口繁忙程度。

二、图件编制

本图根据《世界港口交通地图集》修编，用颜色区分沿海航线和大洋航线，用点表示主要港口所在位置。夜间灯光亮度用色带变化表示，夜间灯光指数反映经济活力。

三、资料来源

本图数据资料主要来源于《世界港口交通地图集》《全国海洋功能区划（2011—2020 年）》以及 2021 年 DMSP/OLS 卫星夜间灯光数据。

2021 年全国港口吞吐量排名表（万吨）

排名	港口名称	吞吐量	排名	港口名称	吞吐量
1	宁波舟山港	122 405	11	泰州港（内河）	35 291
2	上海港	76 970	12	江阴港（内河）	33 757
3	唐山港	72 240	13	大连港	31 553
4	广州港	65 130	14	黄骅港	31 134
5	青岛港	63 029	15	南通港（内河）	30 851
6	苏州港（内河）	56 590	16	深圳港	27 838
7	日照港	54 117	17	福州港	27 352
8	天津港	52 954	18	连云港港	26 918
9	烟台港	42 337	19	南京港（内河）	26 855
10	北部湾港	35 822	20	湛江港	25 555

中国海洋牧场规划建设分布图

中国海洋牧场规划建设分布图

简要说明

一、图件说明

海洋牧场建设是实现我国海洋渔业与近海生态系统和谐发展的重要途径之一。我国海洋牧场建设起步较晚，但发展速度快，目前已初具规模，生态效益、经济效益和社会效益日渐显著。截至 2021 年底，我国已创建 153 个国家级海洋牧场示范区，涉及海洋面积 250 695.24 公顷，到 2025 年，我国将建设 178 个国家级海洋牧场示范区。

据测算，已建成的海洋牧场每年可产生直接经济效益 319 亿元、生态效益 604 亿元、固碳量 19 万吨、消减氮磷 16 844 吨和 1 684 吨。另外，据统计，通过海洋牧场与海上观光旅游、休闲海钓等相结合，每年可接纳游客超过 1 600 万人次。海洋牧场已经成为我国沿海地区海洋经济新的增长点和海洋一、二、三产业相融合的重要依托，同时也是沿海地区养护海洋生物资源、修复海域生态环境、实现渔业转型升级的重要抓手。

舟山渔场

我国沿海区域海洋牧场的建设发展不平衡，呈现北部旺盛，中部和南部薄弱的局面。截至 2016 年，黄渤海区、东海区和南海区投入海洋牧场建设的资金占全国总投入金额的比例分别为 79.8%、6.8% 和 13.4%，其中山东、辽宁、河北发展规模居全国前列，截至 2022 年，已建成国家级海洋牧场 59、35、19 个。

我国重要的渔场主要分布在渤海、黄海、舟山群岛、广东沿海和北部湾海域。主要渔场有辽东湾渔场、烟威渔场、石岛东南渔场、苏北渔场、舟山渔场、闽东渔场、钓鱼岛渔场、台湾浅滩渔场、粤西渔场、北部湾渔场、西沙和中沙渔场、南沙群岛西南部和南部渔场。

海域增养殖区主要分布在黄海北部、长山群岛周边、辽东湾北部、冀东、黄河口至莱州湾、烟威近海、海州湾、江苏辐射沙洲、舟山群岛、闽浙沿海、粤东、粤西、北部湾、海南岛周边等海域。

二、图件编制

本图根据我国国家级海洋牧场位置分布情况绘制，包括已建成和规划的海洋牧场。渔场和增养殖区根据《全国主要渔场分布图》《全国主要渔场和增养殖区分布示意图》修编。

三、资料来源

本图数据资料来源于农业农村部门户网站，《国家级海洋牧场示范区建设规划（2017—2025 年）》以及《中国渔业统计年鉴（2020 年）》。

中国围填海变迁图

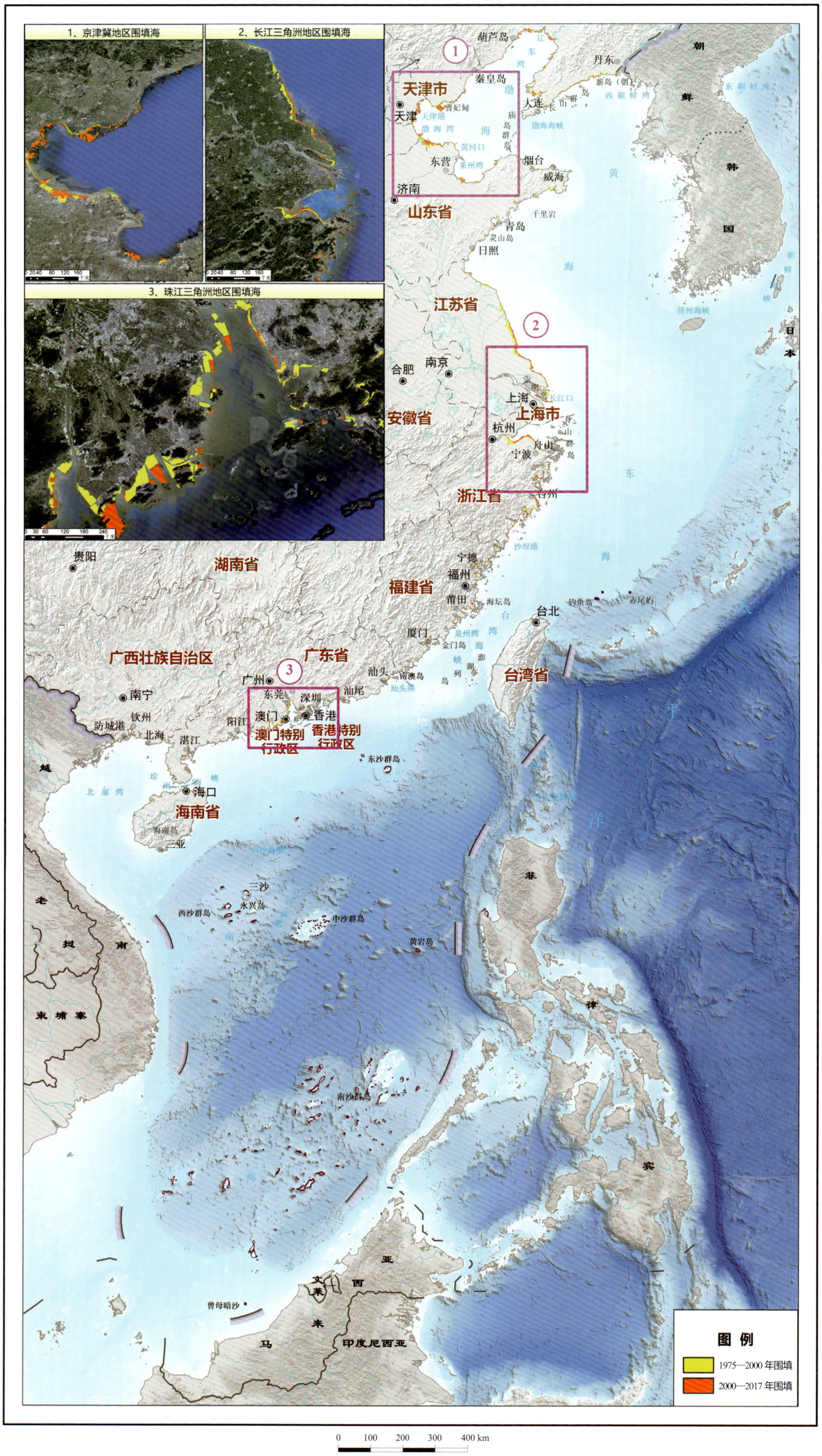
1、京津冀地区围填海
2、长江三角洲地区围填海
3、珠江三角洲地区围填海
天津市
山东省
江苏省
上海市
安徽省
浙江省
福建省
湖南省
广东省
广西壮族自治区
海南省
台湾省
澳门特别行政区
香港特别行政区
葫芦岛
秦皇岛
大连
丹东
天津
曹妃甸
东营
烟台
威海
济南
青岛
日照
南京
合肥
上海
杭州
宁波
舟山
台州
宁德
福州
莆田
厦门
台北
汕头
汕尾
广州
东莞
深圳
澳门
香港
阳江
湛江
南宁
钦州
防城港
北海
海口
三亚
贵阳
东沙群岛
西沙群岛
中沙群岛
黄岩岛
南沙群岛
曾母暗沙
朝鲜
韩国
日本
越南
老挝
柬埔寨
菲律宾
马来西亚
文莱
印度尼西亚
图例
1975—2000 年围填
2000—2017 年围填
0 100 200 300 400 km

中国围填海变迁图

简要说明

一、图件说明

大规模围填海在产生巨大社会经济效益的同时，也给海洋生态环境造成了深远的影响。近 30 年来，我国围填海发展迅猛，多数的河口三角洲、海湾和潮滩存在大面积围垦，局部存在无序围垦的情况，滨海湿地破坏严重，海岛灭失，填而未用、围而不填的情况也比较普遍。

据遥感解译统计，1975 年以来我国围填海面积达 10 405 平方千米，主要用途是围海养殖、城镇建设、港口建设、围垦用地和盐田用地。

1975—2000 年围填海总面积 4 797 平方千米。其中围海养殖面积最大，为 2 530 平方千米，占总围填海面积的 52%；其次为农业围垦，面积为 1 304 平方千米，占比为 27%；围填海面积最小的类型是盐田用地，为 24 平方千米，占比仅为 0.49%。

2000—2017 年围填海总面积为 5 608 平方千米。港口、城镇建设围填海增加，围海养殖、围垦增长幅度下降。其中，围海养殖面积仍然最大，为 2 099 平方千米，占总围填海面积的 37.35%，其次为填而未用，面积为 1 217 平方千米，占比为 21.66%。围填海面积最小的类型是盐田用地，为 65 平方千米，占比 1.15%。

二、图件编制

本图根据 1975 年、2000 年、2017 年的三期卫星遥感资料进行解译，按 1975—2000 年和 2000—2017 年两个阶段绘制围填海的变化状况。

三、资料来源

本图数据资料主要来源于中国地质调查局中国国土资源航空物探遥感中心以及国家测绘地理信息局卫星遥感资料。

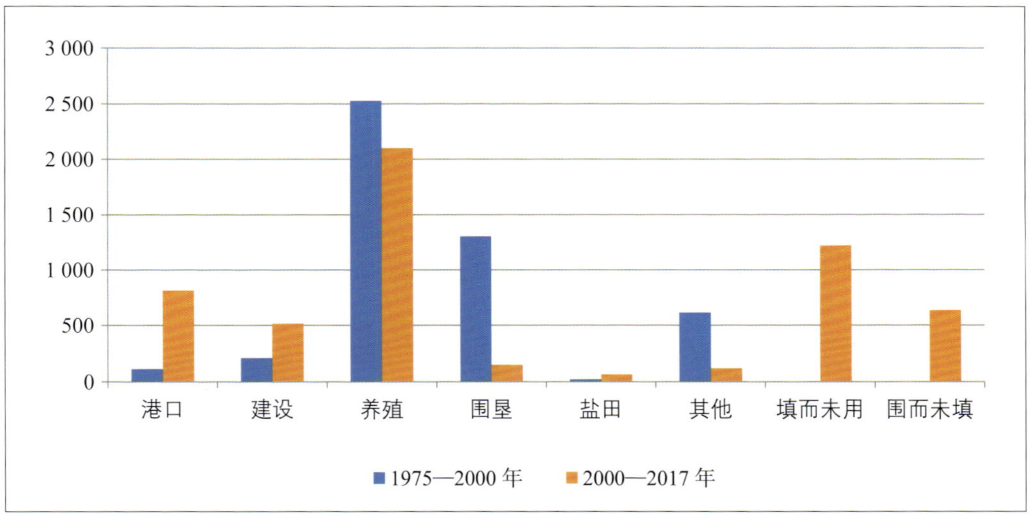

1975—2000 年、2000—2017 年围填海类型及面积变化（单位：平方千米）

中国涉海保护地分布图

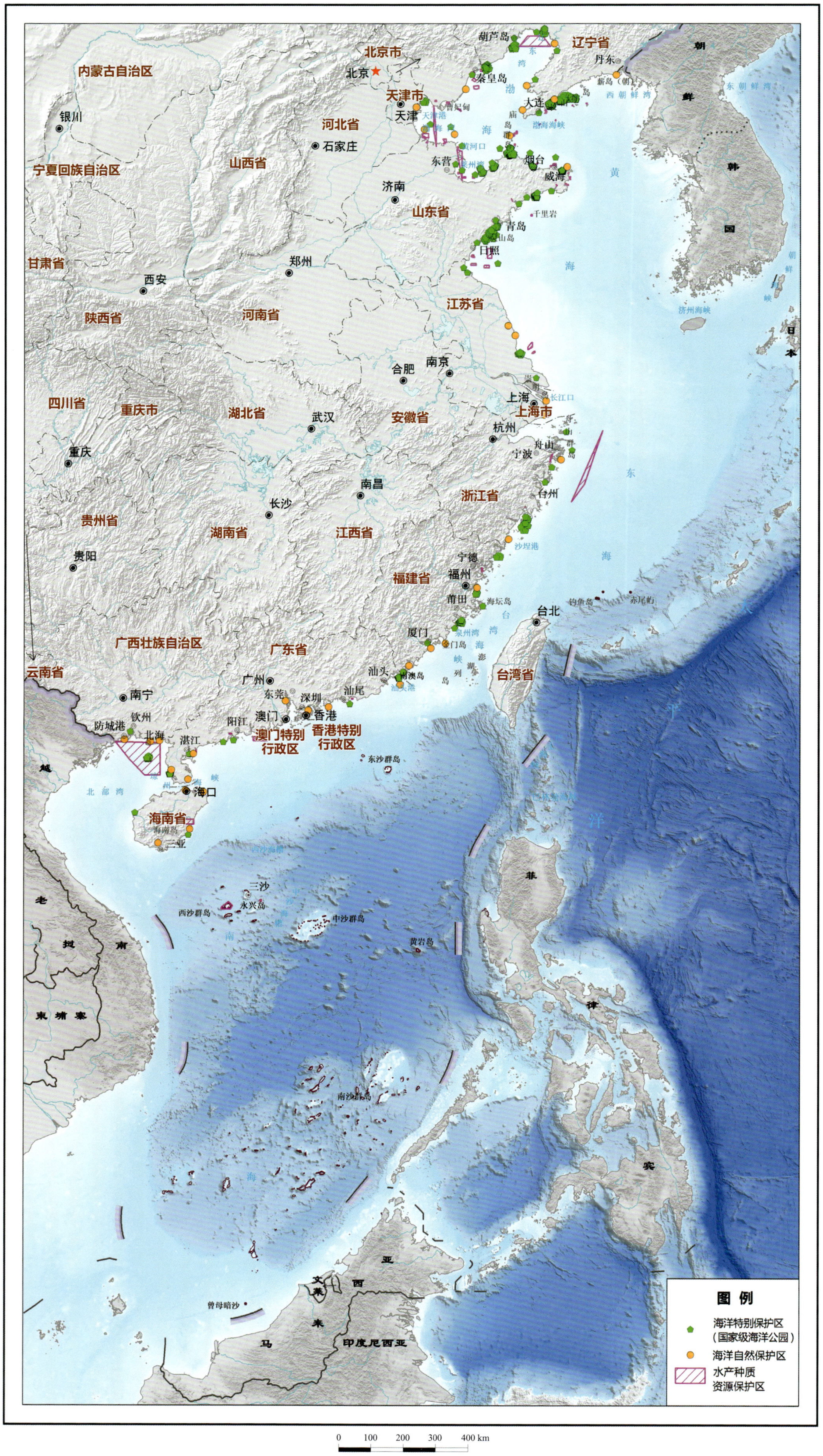
图例
海洋特别保护区（国家级海洋公园）
海洋自然保护区
水产种质资源保护区
内蒙古自治区
北京市
北京
辽宁省
葫芦岛
丹东
秦皇岛
天津市
天津
河北省
石家庄
银川
宁夏回族自治区
山西省
大连
东营
烟台
威海
济南
山东省
青岛
日照
千里岩
甘肃省
西安
郑州
陕西省
河南省
江苏省
合肥
南京
上海
上海市
长江口
四川省
重庆市
湖北省
武汉
安徽省
杭州
舟山
宁波
重庆
南昌
长沙
浙江省
台州
贵州省
湖南省
江西省
贵阳
宁德
福州
福建省
莆田
台北
厦门
广西壮族自治区
广东省
台湾省
云南省
广州
汕头
汕尾
南宁
东莞
深圳
钦州
澳门
香港
防城港
北海
阳江
湛江
澳门特别行政区
香港特别行政区
东沙群岛
海口
海南省
三亚
三沙
永兴岛
西沙群岛
中沙群岛
黄岩岛
南沙群岛
曾母暗沙
渤海
黄海
东海
南海
朝鲜
韩国
日本
越南
老挝
柬埔寨
菲律宾
马来西亚
文莱
印度尼西亚
0 100 200 300 400 km

中国涉海保护地分布图

简要说明

一、图件说明

本图的涉海保护地主要包括海洋自然保护区、海洋特别保护区（海洋公园）以及涉海的水产种质资源保护区。近年来，我国海洋保护区数量和面积逐年增加，截至2019年底，我国已建立271个不同级别的海洋保护区，总面积约12.4万平方千米，占我国管辖海域的4.1%。在已建的海洋保护区中，国家级海洋自然保护区有35个，面积为20 888.53平方千米；国家级海洋特别保护区（海洋公园）67个，面积为7 276.69平方千米。

国家级水产种质资源保护区是指在国内国际有重大影响，具有重要经济价值、遗传育种价值或特殊生态保护和科研价值，保护对象为重要的、洄游性的共用水产种质资源或保护对象分布区域跨省际行政区划或海域管辖权限的，经农业农村部批准并公布的水产种质资源保护区。截至2018年底，共建成涉海的国家级水产种质资源保护区55个，面积为19 037.10平方千米。

二、图件编制

本图根据《全国海洋保护区分布示意图》修编，主要包括国家级海洋自然保护区、海洋特别保护区（海洋公园）以及涉海的水产种质资源保护区的分布位置。

三、资料来源

本图主要数据资料来源于农业农村部、自然资源部门户网站以及《2020年中国海洋保护行业报告》《全国海洋功能区划研究》。

国家级涉海保护地分布统计表

海域	海洋自然保护区		海洋特别保护区（海洋公园）		水产种质资源保护区	
	数量（个）	面积（平方千米）	数量（个）	面积（平方千米）	数量（个）	面积（平方千米）
渤海	8	12 658.27	18	2 786.83	17	4 687.56
黄海	5	3 979.28	25	2 484.47	25	1 141.09
东海	9	1 839.52	14	1 754.07	5	1 903.64
南海	13	2 411.46	10	251.32	8	11 304.81
总计	35	20 888.53	67	7 276.69	55	19 037.10

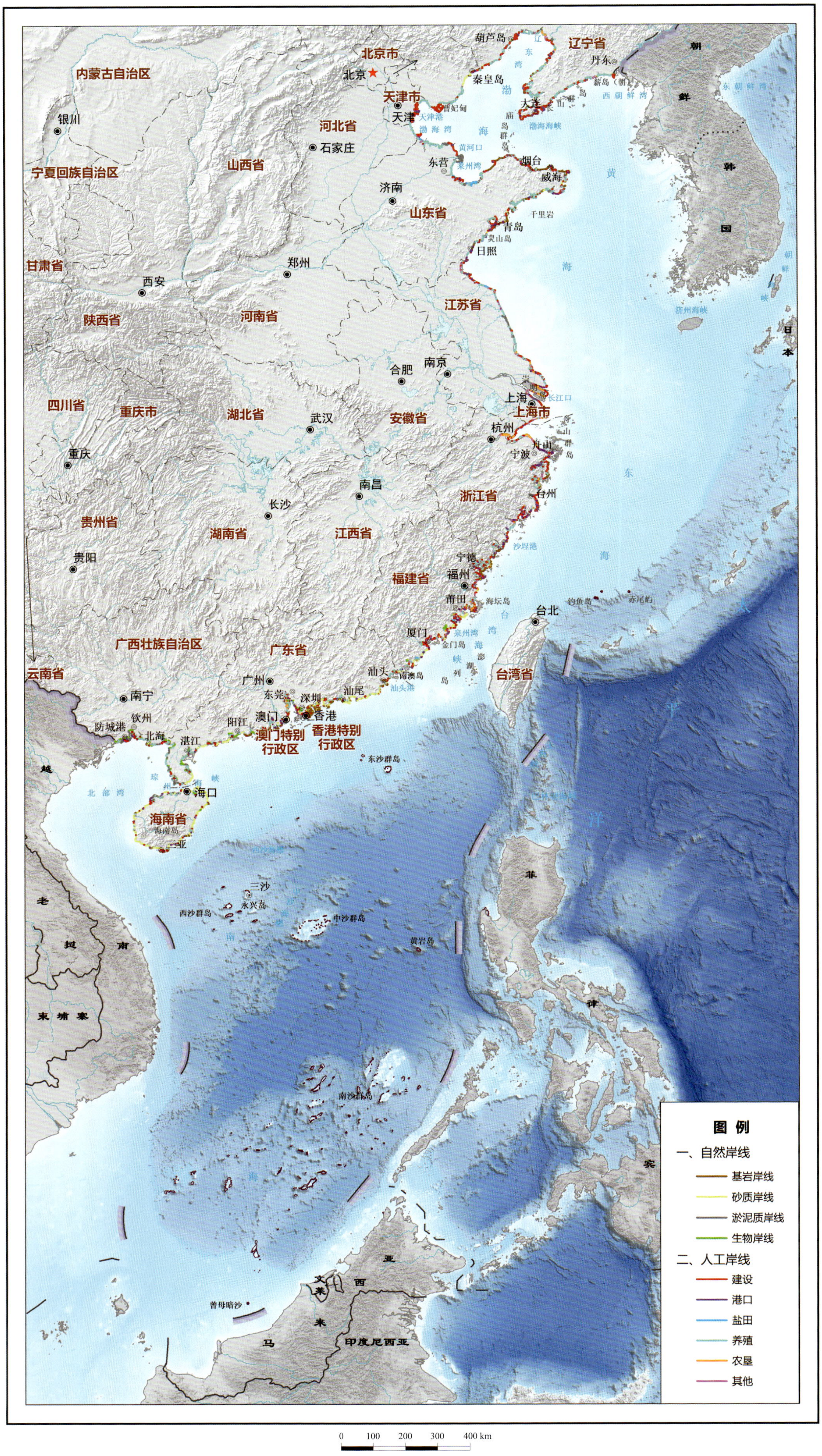
内蒙古自治区
北京市
北京
辽宁省
葫芦岛
丹东
秦皇岛
朝鲜
天津市
天津
大连
河北省
石家庄
银川
宁夏回族自治区
山西省
东营
烟台
威海
济南
山东省
黄
韩国
千里岩
青岛
日照
甘肃省
西安
郑州
海
陕西省
河南省
江苏省
济州海峡
日本
合肥
南京
上海
上海市
四川省
重庆市
湖北省
武汉
安徽省
杭州
宁波
舟山
重庆
东
南昌
长沙
台州
浙江省
贵州省
湖南省
江西省
贵阳
宁德
福州
福建省
莆田
台北
钓鱼岛
赤尾屿
广西壮族自治区
广东省
厦门
台湾省
云南省
汕头
广州
南宁
东莞
汕尾
深圳
钦州
阳江
澳门
香港
防城港
北海
湛江
澳门特别行政区
香港特别行政区
东沙群岛
越
北部湾
海口
海南省
三亚
三沙
永兴岛
西沙群岛
中沙群岛
黄岩岛
菲
老
挝
南
柬埔寨
律
南沙群岛
宾
亚
文莱
西
曾母暗沙
来
马
印度尼西亚
图例
一、自然岸线
基岩岸线
砂质岸线
淤泥质岸线
生物岸线
二、人工岸线
建设
港口
盐田
养殖
农垦
其他
0 100 200 300 400 km

中国岸线资源分布图

简要说明

一、图件说明

我国海岸线（大陆主岸线）的总长度为 17 938 千米。其中基岩岸线 2 596 千米，占比 14%；淤泥质岸线 1 385 千米，占比 8%；砂质岸线 2 186 千米，占比 12%；生物岸线 721 千米，占比 4%；人工岸线 11 051 千米，占比 62%。

1975 年以来，随着沿海经济社会的快速发展，港口建设、围海养殖、农业围垦等大量占用自然岸线，造成人工岸线大幅增加，自然岸线大幅减少。自然海岸线由 1975 年的 15 833 千米减少到 2017 年的 6 888 千米，自然岸线保有率由 88% 下降到 38%。截至 2017 年，海南自然岸线保有率最高，为 73%；广西次之，为 55%；广东、福建自然岸线保有率均为 47%；山东、浙江、辽宁、河北自然岸线保有率较低，分别为 38%、28%、20%、12%；上海、天津全部为人工岸线。

我国海岸线利用方式主要有港口建设、城镇建设、围海养殖、农业围垦、盐田建设、路桥工程等。根据 2017 年遥感解译结果分析，人工海岸线中，港口建设岸线 1 221 千米，占比 11%；城镇建设岸线 4 117 千米，占比 38%；围海养殖岸线 4 758 千米，占比 43%；农业围垦岸线 437 千米，占比 4%；盐田建设 156 千米，占比 1%；其他人工岸线 361 千米，占比 3%。

二、图件编制

本图将海岸线划分为自然岸线和人工岸线两大类。其中，自然岸线根据塑造海岸的主导因素和海岸物质组成划分为基岩、砂质、淤泥质、生物等岸线类型。人工岸线根据利用方式划分为港口、养殖、建设、盐田、农垦和其他等岸线类型。

三、资料来源

本图数据资料主要来源于中国地质调查局中国国土资源航空物探遥感中心 2017 年遥感资料。

沿海省区市海岸线类型统计表（单位：千米）

省份	基岩岸线	淤泥质岸线	砂质岸线	生物岸线	人工岸线	总计
辽宁	218.73	40.55	182.34	—	1 793.34	2 234.96
河北	11.74	7.10	53.09	—	527.66	599.59
天津	—	—	—	—	319.85	319.85
山东	728.06	288.17	68.82	—	1 796.32	2 881.37
江苏	3.57	99.17	—	—	759.21	861.95
上海	—	—	—	—	329.33	329.33
浙江	436.22	51.03	37.51	—	1 351.36	1 876.13
福建	586.01	141.68	422.57	103.03	1 402.21	2 655.48
广东	469.57	269.31	618.58	375.72	1 925.33	3 658.50
广西	7.89	310.00	34.21	178.95	428.93	959.98
海南	133.78	177.87	768.80	63.56	417.15	1 561.16
合计	2 595.56	1 384.87	2 185.92	721.25	11 050.69	17 938.29

中国滨海湿地分布图

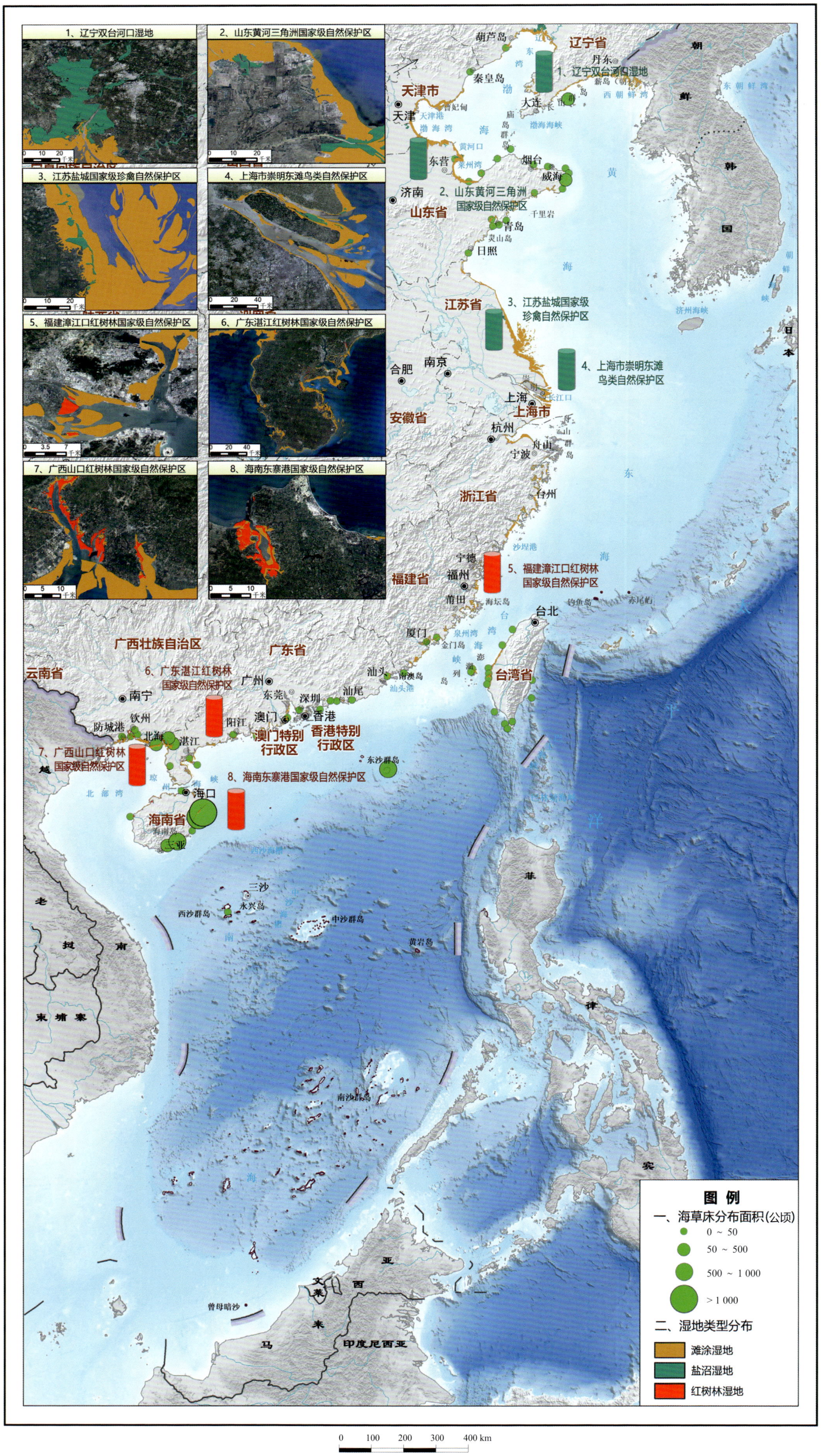
1、辽宁双台河口湿地
2、山东黄河三角洲国家级自然保护区
3、江苏盐城国家级珍禽自然保护区
4、上海市崇明东滩鸟类自然保护区
5、福建漳江口红树林国家级自然保护区
6、广东湛江红树林国家级自然保护区
7、广西山口红树林国家级自然保护区
8、海南东寨港国家级自然保护区
千米
辽宁省
天津市
山东省
江苏省
上海市
安徽省
浙江省
福建省
台湾省
广东省
广西壮族自治区
云南省
海南省
澳门特别行政区
香港特别行政区
1、辽宁双台河口湿地
2、山东黄河三角洲国家级自然保护区
3、江苏盐城国家级珍禽自然保护区
4、上海市崇明东滩鸟类自然保护区
5、福建漳江口红树林国家级自然保护区
6、广东湛江红树林国家级自然保护区
7、广西山口红树林国家级自然保护区
8、海南东寨港国家级自然保护区
葫芦岛
秦皇岛
丹东
大连
天津
东营
济南
烟台
威海
青岛
日照
南京
合肥
上海
杭州
宁波
舟山
台州
宁德
福州
莆田
台北
厦门
汕头
汕尾
广州
东莞
深圳
香港
澳门
阳江
湛江
北海
钦州
防城港
南宁
海口
三亚
东沙群岛
西沙群岛
中沙群岛
黄岩岛
永兴岛
三沙
南沙群岛
曾母暗沙
渤海
黄海
东海
南海
太平洋
北部湾
琼州海峡
台湾海峡
朝鲜
韩国
日本
菲律宾
越南
老挝
柬埔寨
马来西亚
文莱
印度尼西亚
图 例
一、海草床分布面积(公顷)
0 ~ 50
50 ~ 500
500 ~ 1 000
> 1 000
二、湿地类型分布
滩涂湿地
盐沼湿地
红树林湿地
0 100 200 300 400 km

中国滨海湿地分布图

简要说明

一、图件说明

滨海湿地是一类介于陆地和海洋生态系统交错过渡地带的特殊生态系统。按照国际湿地公约的定义，滨海湿地的下限为低潮水位 6 米以下处，上限为大潮线之上邻近的淡水、半咸水湖沼以及海水上溯所影响的入海河段。

2020 年发布的《国土空间调查、规划、用途管制用地用海分类指南（试行）》，规定沿海滩涂属于湿地的一部分，指“沿海大潮高潮位与低潮位之间的潮浸地带，包括海岛的滩涂，不包括已利用的滩涂”。第三次全国国土调查数据统计，我国沿海滩涂 15 123 平方千米，红树林 271 平方千米。据 2017 年遥感资料统计，我国盐沼湿地 1 234 平方千米。初步统计，我国现有海草床约为 88 平方千米。

盐沼湿地主要分布在沿海地区，杭州湾以北主要分布在辽河三角洲、黄河三角洲、江苏盐城、长江三角洲等地区，湿地植被类型包括芦苇、翅碱蓬、互花米草、柽柳、海三棱藨草等；杭州湾以南主要分布在杭州湾、晋江口—泉州湾以及珠江口等河口海湾地区，湿地植被以芦苇、互花米草和碱蓬为主。

滩涂湿地主要分布在环渤海、长三角和珠三角地区。杭州湾以北的滨海湿地主要以淤泥质海滩为主，占全国淤泥质海滩的 71.91%；杭州湾以南则以岩石性海滩为主，占全国岩石海岸的 87.81%。

红树林湿地主要分布在我国南部淤泥质海滩上，集中在福建漳江口、广东湛江、广西北部湾、海南岛沿岸等滨海地区，常见红树林植被包括白骨壤、秋茄、木榄、老鼠勒、卤厥、黄槿等。

我国海草床主要分布在南海和黄渤海。南海海草床主要分布在海南东部、广东湛江、广西北海和台湾东沙岛，其中海南省占 64%；黄渤海海草床主要分布于山东荣成和辽宁长海沿海。广东和广西海草床主要以喜盐草为优势种，海南和台湾多以泰来藻为优势种，山东和辽宁以大叶藻为优势种。

广西北海红树林

与 2000 年滨海湿地状况对比发现，2017 年滩涂湿地面积减少 29.5%，盐沼湿地面积减少 52.7%，红树林面积减少 39.6%。围填海是滨海湿地减少的主要原因，近海过度捕捞、人工养殖、海岸工程、水体污染、互花米草入侵和海岸侵蚀等是滨海湿地面临的主要威胁。

二、图件编制

本图主要根据第三次全国国土调查数据和 2017 年遥感数据绘制，根据收集资料绘制了海草床主要分布区域。

三、资料来源

本图数据资料主要来源于中国地质调查局组织实施的海岸带综合地质调查、第三次全国国土调查数据、中国国土资源航空物探遥感中心 2017 年遥感资料，并结合收集资料进行补充修正。

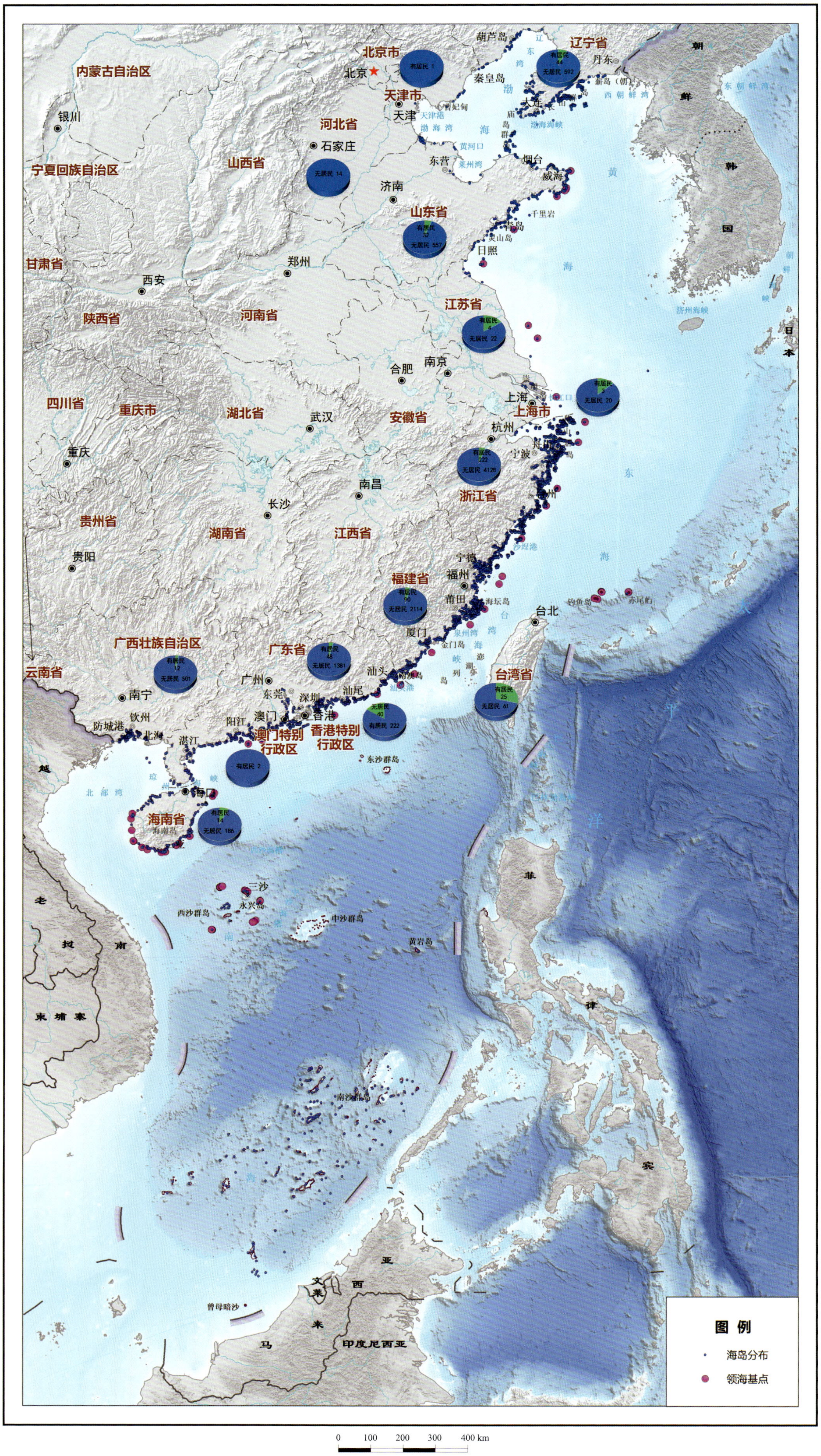
内蒙古自治区
北京市
北京
天津市
天津
辽宁省
葫芦岛
丹东
秦皇岛
河北省
石家庄
银川
宁夏回族自治区
山西省
济南
山东省
东营
烟台
威海
青岛
日照
甘肃省
郑州
西安
陕西省
河南省
江苏省
南京
合肥
上海
上海市
四川省
重庆市
湖北省
武汉
安徽省
杭州
宁波
重庆
浙江省
南昌
长沙
贵州省
湖南省
江西省
贵阳
宁德
福州
福建省
莆田
台北
厦门
广西壮族自治区
广东省
汕头
云南省
南宁
广州
东莞
台湾省
汕尾
深圳
钦州
澳门
香港
防城港
北海
阳江
澳门特别行政区
香港特别行政区
湛江
东沙群岛
海口
海南省
海南岛
三沙
永兴岛
西沙群岛
中沙群岛
黄岩岛
南沙群岛
曾母暗沙
朝鲜
韩国
日本
黄海
东海
太平洋
菲律宾
越南
老挝
柬埔寨
文莱
马来西亚
印度尼西亚
图例
海岛分布
领海基点
0 100 200 300 400 km

中国主要海岛分布图

简要说明

一、图件说明

我国海岛数量众多，共有海岛 11 000 余个，其中，面积在 500 平方米以上的岛屿有 7 300 多个，海岛陆域面积近 8 万平方千米，海岛岸线总长 14 000 多千米。渤海区内海岛数量占总数的 4%，黄海区占 5%，东海区占 66%，南海区占 25%。我国有常住居民的海岛 455 个，人口 470 多万。

我国海岛广泛分布于温带、亚热带和热带海域，生物种类繁多，自然资源丰富，不同区域海岛的岛体、岸线、沙滩、植被、淡水和周边海域生物群落共同形成了各具特色、相对独立的海岛生态系统，一些海岛还具有红树林、珊瑚礁等特殊生境；海岛及其周边海域自然资源丰富，有港口、渔业、旅游、油气、生物、海水、海洋能等优势资源和潜在资源。

海岛是我国经济社会发展中一个非常特殊的区域，在国家权益、安全、资源、生态等方面具有十分重要的地位。但当前仍然面临海岛生态破坏严重、海岛开发秩序混乱、海岛保护力度不足等问题。《全国海岛保护规划》提出统筹海岛保护、开发与建设。严格保护特殊用途海岛、加强有居民海岛生态保护、适度利用无居民海岛。

领海基点是计算领海、毗连区、专属经济区和大陆架的起始点，是维护我国海洋权益和宣示主权的重要标志。我国政府正式公布的领海基点为 94 个，其中 1996 年公布我国大陆领海的部分基线和西沙群岛共 77 个领海基点的名称和地理坐标；2012 年公布我国钓鱼岛及附属岛屿的领海基线和 17 个领海基点的名称和地理坐标。

二、图件编制

本图根据我国主要海岛中心点位坐标以及我国领海基点的坐标绘制，用点要素表示。

三、资料来源

本图数据资料主要来源于卫星数据和《我国部分海域海岛标准名称（20180608）》。

涠洲岛

太平岛

中国海域有机碳埋藏通量分布图

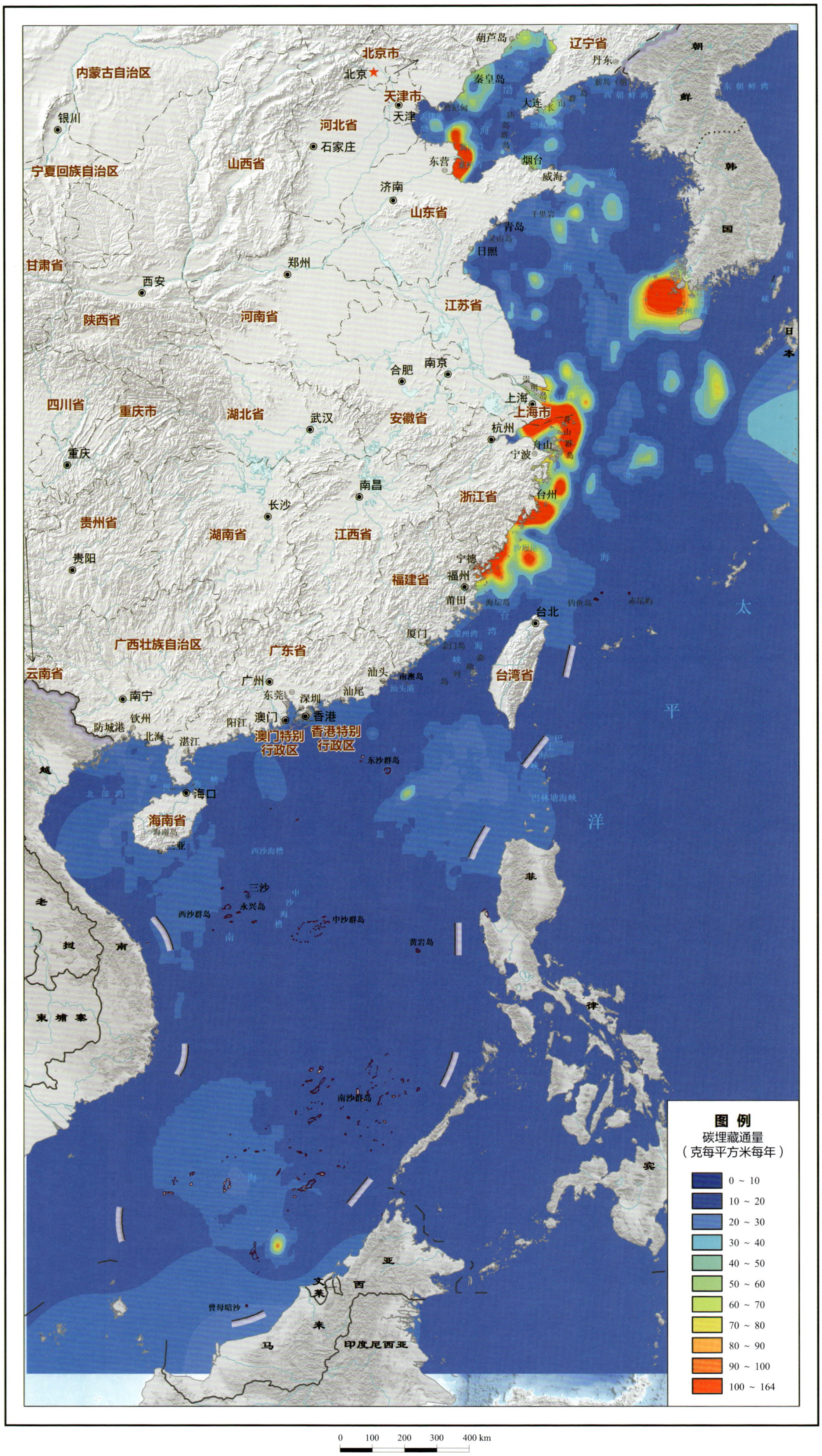

中国海域有机碳埋藏通量分布图

简要说明

一、图件说明

我国海域底质沉积物有机碳埋藏通量介于 0 ~ 419 克每平方米每年，主要埋藏于渤海黄河水下三角洲、东海长江水下三角洲、瓯江水下三角洲以及东海近岸海域的泥质沉积体。初步估算，碳达峰时我国海域自然环境下可埋藏有机碳 606 百万吨，碳中和时可埋藏有机碳 2 424 百万吨。

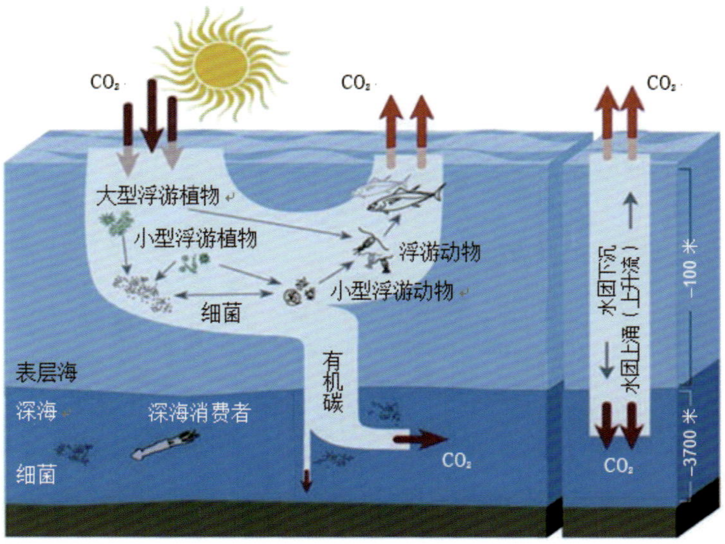

海洋固碳与储碳主要过程（焦念志，2012）

渤海有机碳埋藏通量介于 0 ~ 419 克每平方米每年，平均值 21 克每平方米每年。渤海底质沉积物年有机碳埋藏量约为 1.6 百万吨，预计到 2030 年、2060 年渤海沉积物可埋藏有机碳分别为 16 百万吨、64 百万吨。

黄海有机碳埋藏通量介于 0 ~ 149 克每平方米每年，平均值 19 克每平方米每年。黄海底质沉积物年有机碳埋藏量约为 8 百万吨，预计到 2030 年、2060 年黄海沉积物可埋藏有机碳分别为 80 百万吨、320 百万吨。

东海有机碳埋藏通量介于 0 ~ 313 克每平方米每年，平均值 33 克每平方米每年。东海底质沉积物年有机碳埋藏量为 25 百万吨，预计到 2030 年、2060 年东海沉积物可埋藏有机碳分别为 250 百万吨、1 000 百万吨。

南海有机碳埋藏通量介于 0 ~ 125 克每平方米每年，平均值 7 克每平方米每年。南海底质沉积物年有机碳埋藏量约为 26 百万吨，预计到 2030 年、2060 年南海沉积物可埋藏有机碳分别为 260 百万吨、1 040 百万吨。

二、图件编制

本图绘制的有机碳埋藏通量为表层沉积物有机碳含量、沉积物干密度、柱状样沉积速率的三者乘积再乘以系数 0.01。表层沉积物有机碳含量与沉积速率的栅格网进行叠加运算，生成全要素栅格化成果，栅格内的表层沉积物有机碳含量乘柱状样沉积速率，生成每个栅格的沉积物有机碳埋藏通量值，本图初步反映了我国海域沉积物有机碳地质埋藏潜力。

三、资料来源

本图数据资料主要来源于 2000—2021 年中国地质调查局组织实施的海洋基础地质、海岸带综合地质等调查。

中国海域有机碳预测埋藏量

年份 / 海域	2030 年 总有机碳（百万吨）	2060 年 总有机碳（百万吨）
渤海	16	64
黄海	80	320
东海	250	1000
南海	260	1040
合计	606	2424

焦念志，2012. 海洋固碳与储碳——并论微型生物在其中的重要作用 . 中国科学 : 地球科学 , 42(10): 1473-1486.

中国海洋牧场建设地质环境适宜性评价图

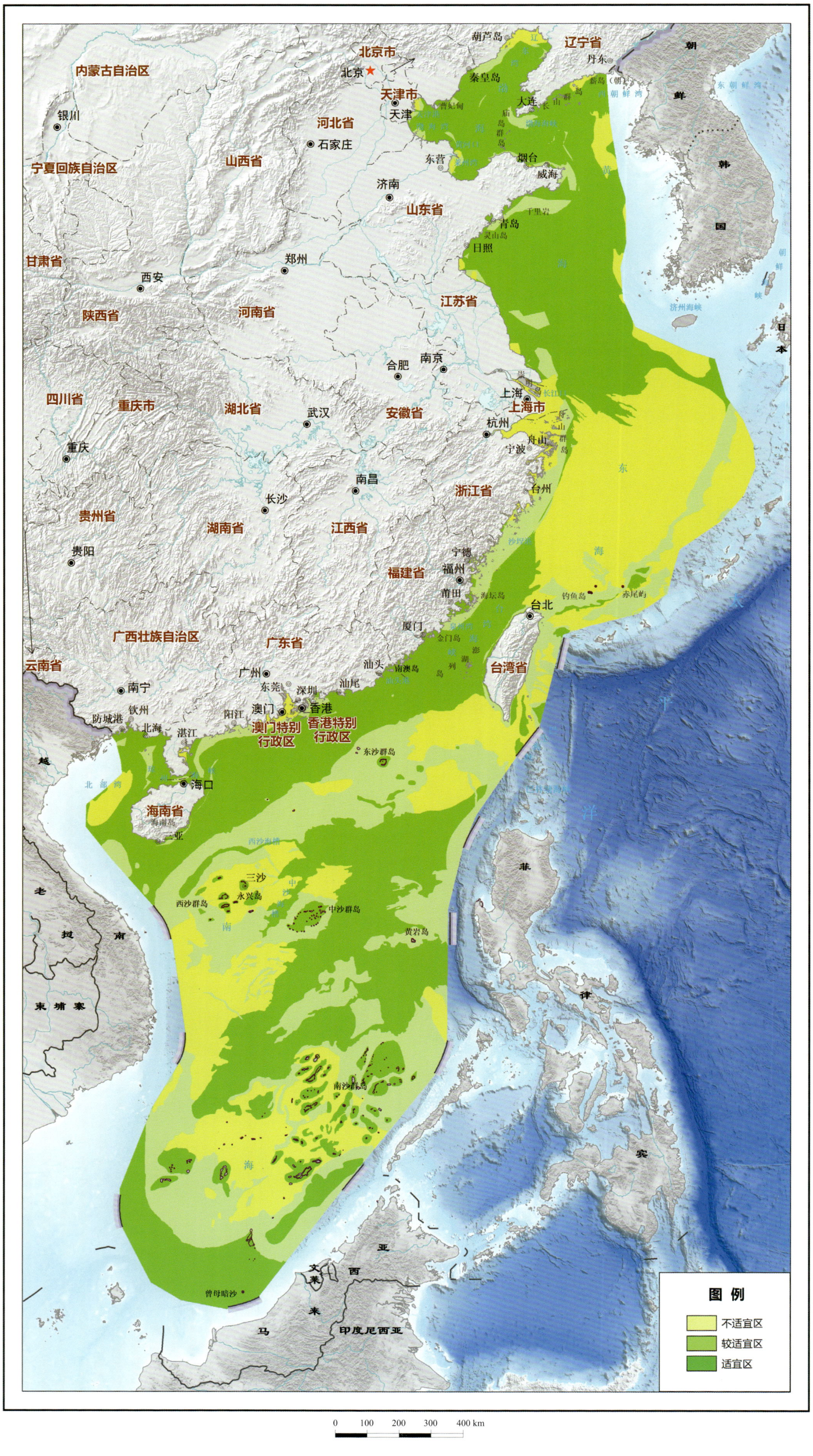

中国海洋牧场建设地质环境适宜性评价图

简要说明

一、图件说明

按照海洋牧场功能和建设方式，将海洋牧场分为投礁型、游钓型、底播型、田园型和装备型。投礁型海洋牧场，是依据海区环境生物承载力，以投放人工鱼礁，改善海洋生态环境为核心，科学布局建设海洋牧场；游钓型海洋牧场，是以休闲海钓为核心，注重全产业链、全服务链衔接，打造吃、住、行、游、购、娱等配套和特色鲜明的“海上高尔夫”。底播型海洋牧场，是以底栖贝类和底栖海珍品的增殖为核心，对海域滩涂进行整体规划，按园区模式打造。田园型海洋牧场是以立体、循环、生态养殖为核心，推进渔业可持续发展，实现鱼虾贝藻参多营养层级科学增养殖。装备型海洋牧场，是运用现代技术装备，发挥离岸养殖核心特色，在深远海建设装备型海洋牧场，融合应用养殖技术和物联网技术，实现养殖生产的集约化、装备化和智能化。本图所涉及的海洋牧场仅指投礁型海洋牧场。

建设适宜区主要分布在渤海、北黄海、南黄海、福建－广东－广西近岸、海南岛周边等海域。主要特征是水深适宜、地形平坦、地貌类型单一、表层淤泥层厚度较薄。

建设较适宜区主要分布在黄海西部、浙江近岸、南海中南部。

建设不适宜区主要分布在渤海辽东湾、黄河三角洲区、长江口－杭州湾海区、东海潮流沙脊区、台湾南部海域、北部湾中部、南海大部。主要特征是重金属含量较高、水质较差、地形起伏较大、地貌类型复杂。

二、图件编制

本图评价因子主要包括水深、坡度、水质、沉积物类型、沉积物质量、表层淤泥层厚度、海流等条件。根据对评价因子稳定性的影响程度分别赋予 5 个等级的隶属度值，即 0.15、0.30、0.55、0.80、0.85。利用层次分析法，根据实际数值得出各评价指标的权重值。通过模糊矩阵运算，得到评价单元的综合评价结果。评价值介于 0 ~ 0.3 为不适宜区，0.3 ~ 0.5 为较适宜区，0.5 ~ 0.85 为适宜区。

三、资料来源

本图数据资料主要来源于中国地质调查局组织实施的海洋基础地质、海岸带综合地质等调查以及中国海洋生态环境状况公报（2017—2021 年）。

中国海洋灾害风险评价图

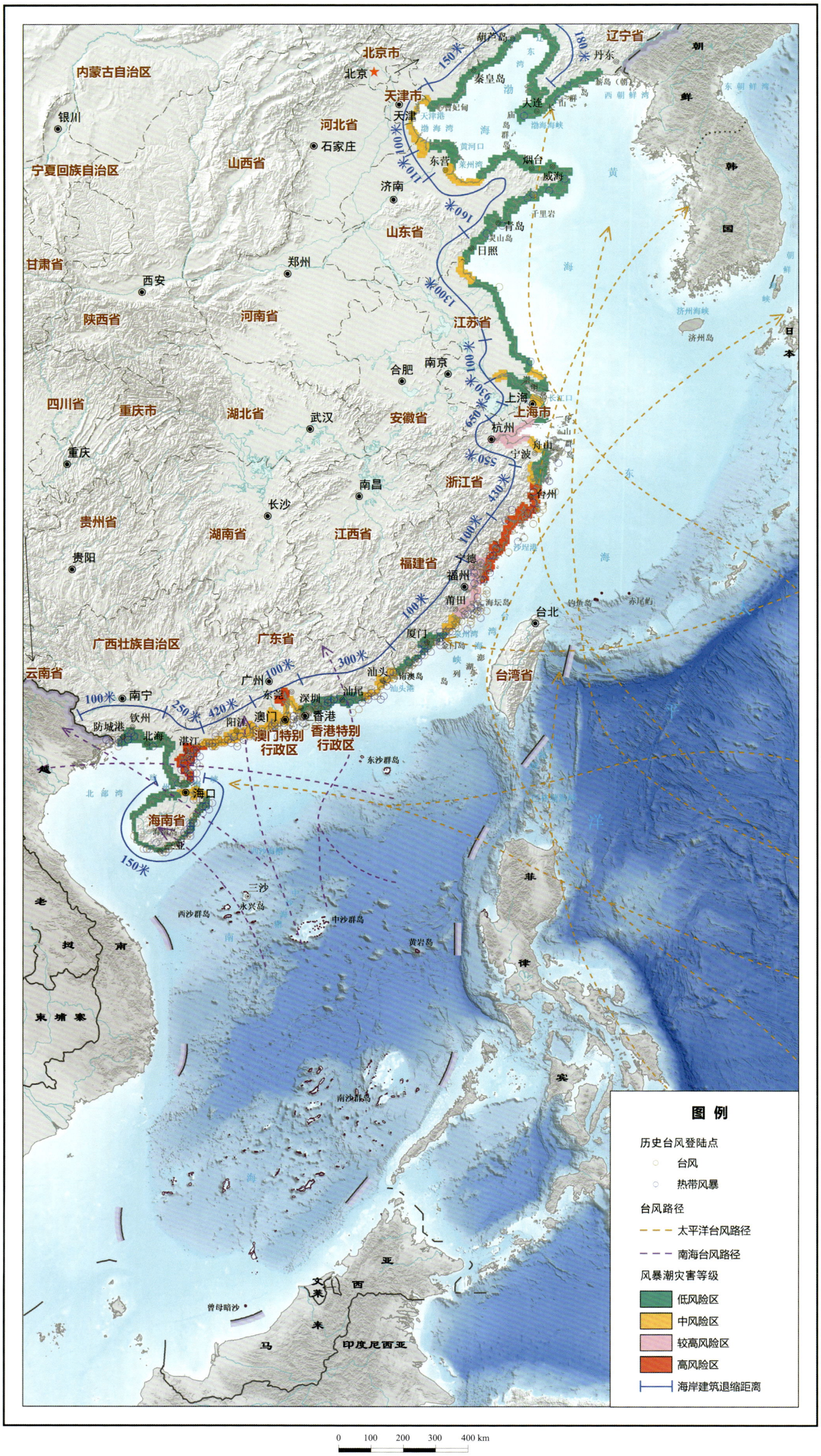

中国海洋灾害风险评价图

中国海洋灾害风险评价图

简要说明

一、图件说明

1950年以来，我国沿海约有800次台风登陆，主要登陆点分布在海南至浙江舟山岸段。我国海洋灾害的高风险区分布在广东的湛江、珠江口，福建宁德至浙江的台州岸段，主要受夏季台风影响。海洋灾害的较高风险区分布在福建莆田至宁德岸段，浙江杭州湾沿岸，也主要受夏季台风影响。

海岸建筑退缩线是根据岸线属性和自然环境特征，综合考虑海洋灾害影响、生态系统完整性保护、亲海空间拓展等因素，以海岸线为基准，向陆一侧后退一定距离划定的禁止或限制建筑活动的控制线。

根据全国海岸侵蚀速率数据分析，大部分岸线的侵蚀速率在1 ~ 3米每年，年均侵蚀量为1.5米，按70年计算，可以设置100米作为退缩底线。另外，联合国环境规划署曾推荐使用100米作为地中海沿岸22个国家统一的建筑退缩距离，并纳入《地中海公约》，故本图提出原则上海岸建筑退缩距离不小于100米。

自然岸线中的砂质、淤泥质、生物岸线易受海岸侵蚀、海平面上升、风暴潮等海洋灾害影响，选取灾害影响的最大边界作为海岸线退缩距离。

$$\text{退缩距离} = \text{Max}(L_1,\ L_2,\ L_3,\ 100\text{米})$$

$$L_1 = V_e \times 70$$

$$L_2 = L_* / (h_c \times S_1 \times 70)$$

$$L_3 = H \times S_2 \times (t/12)^{0.3}$$

其中，L_1为岸线侵蚀影响退缩的距离，L_2为海平面上升影响退缩的距离，L_3为风暴潮影响退缩的距离，V_e为年平均侵蚀速率，h_c为泥沙运动界限水深，L_*为界限水深处距离岸线的距离，S_1为海平面上升值，H为历史上最严重风暴潮最大波高，S_2为风暴潮增水，t为风暴潮灾害持续时间。

自然岸线中的基岩岸线和人工岸线，不易受海岸侵蚀等海洋灾害影响，原则选取不小于100米作为退缩线，并根据地理特征、开发利用等实际情况确定退缩距离。

我国海岸建筑退缩距离介于100 ~ 1 300米，其中最大位于江苏省北部沿岸，退缩距离达1 300米，渤海沿岸的海岸带类型主要以人工岸线和稳定岸线为主，海岸建筑退缩距离基本都在100米。

二、图件编制

我国海洋灾害风险分级主要以风暴潮灾害为主要依据，对我国沿海48个海洋站的风暴潮增水记录开展数理统计。根据《风暴潮灾害风险评估和区划技术导则》分析风暴潮灾害强度、发生频率，科学评估我国海域岸线海洋灾害危险性，划分海洋灾害的高风险区、较高风险区、中风险区和低风险区。

三、资料来源

本图数据来源于中国地质调查局组织实施的海岸带综合地质调查、《中国海洋灾害公报》（2015—2021年）、CMA热带气旋最佳路径数据集。

中国海洋自然资源图集

Atlas of Marine Natural Resources in China

4

海洋生物

中国海域浮游植物细胞总丰度分布图

中国海域浮游植物细胞总丰度分布图

简要说明

一、图件说明

我国海域浮游植物细胞总丰度分布范围北起辽东湾，南至西沙群岛，涵盖我国渤海、黄海、东海以及南海近海海域。浮游植物是指缺乏发达的运动器官，没有或仅有微弱的运动能力，悬浮在水层中，常随水流移动的植物，采用浮游生物网在每个调查站位自底至表垂直拖网的方式进行采样。春季渤海海域、黄海中部、长江口、台湾海峡和粤闽近岸海域细胞密度较高，细胞丰度大于 1 000 万个每立方米，东海东北部、浙江近海和南海北部陆架外侧海域细胞密度较低，细胞丰度小于 10 万个每立方米；夏季渤海湾、黄海南部、长江口、台湾海峡和粤闽近岸海域细胞密度较高，细胞丰度大于 10 000 万个每立方米，黄海中部、东海东南外海和南海北部陆架外侧海域细胞密度较低，细胞丰度小于 10 万个每立方米；秋季浮游植物细胞总丰度高值区主要分布在长江口、台湾浅滩和粤东近岸海域，细胞丰度约 500 万个每立方米，总体分布趋势表现为由近岸向外海浮游植物细胞总丰度值降低；冬季浮游植物细胞总丰度高值区主要分布在台湾浅滩、北部湾和粤西近岸海域，细胞丰度约 500 万个每立方米，辽宁、山东、福建等沿岸海域也有较高细胞密度，细胞丰度约 100 万个每立方米。

二、图件编制

根据“我国近海海洋综合调查与评价”专项中海洋生物调查工作采样站位实测数据绘制，用色差表示总丰度大小。

三、资料来源

本图数据资料主要来源于《中国近海海洋图集——海洋生物与生态》。

中国海域浮游动物总生物量分布图

中国海域浮游动物总生物量分布图

简要说明

一、图件说明

我国海域浮游动物总生物量分布范围北起辽东湾，南至西沙群岛，涵盖我国渤海、黄海、东海以及南海近海海域。浮游动物是指缺乏发达的运动器官，没有或仅有微弱的运动能力，悬浮在水层中，常随水流移动的动物。春季生物量大于 1 000 毫克每立方米的高值区主要分布在黄海中部、东海舟山群岛、粤西近岸海域，环绕高值区生物量呈递减趋势，小于 50 毫克每立方米的低值区主要分布在南海北部陆架海域；夏季生物量大于 2 500 毫克每立方米的高值区主要分布在黄海北部东侧外海海域，次高值区主要分布在秦皇岛近岸、黄海中部东侧、长江口、闽南近岸和粤西近岸海域，低值区主要分布在一统暗沙以东海域；秋季生物量大于 500 毫克每立方米的高值区主要分布在山东半岛南部近岸和黄、东海交界海域，山东、浙江、福建和广东近岸海域生物量较高，小于 50 毫克每立方米的低值区主要分布在海南岛东南海域；冬季生物量大于 2 000 毫克每立方米的高值区主要分布在鸭绿江口海域、黄海中北部、东海东南、台湾浅滩和海南岛东南近岸，小于 50 毫克每立方米的低值区主要分布在台湾海峡北部海域。

二、图件编制

根据“我国近海海洋综合调查与评价”专项中海洋生物调查工作采样站位实测数据绘制，用色差表示生物量高低。

三、资料来源

本图数据资料主要来源于《中国近海海洋图集——海洋生物与生态》。

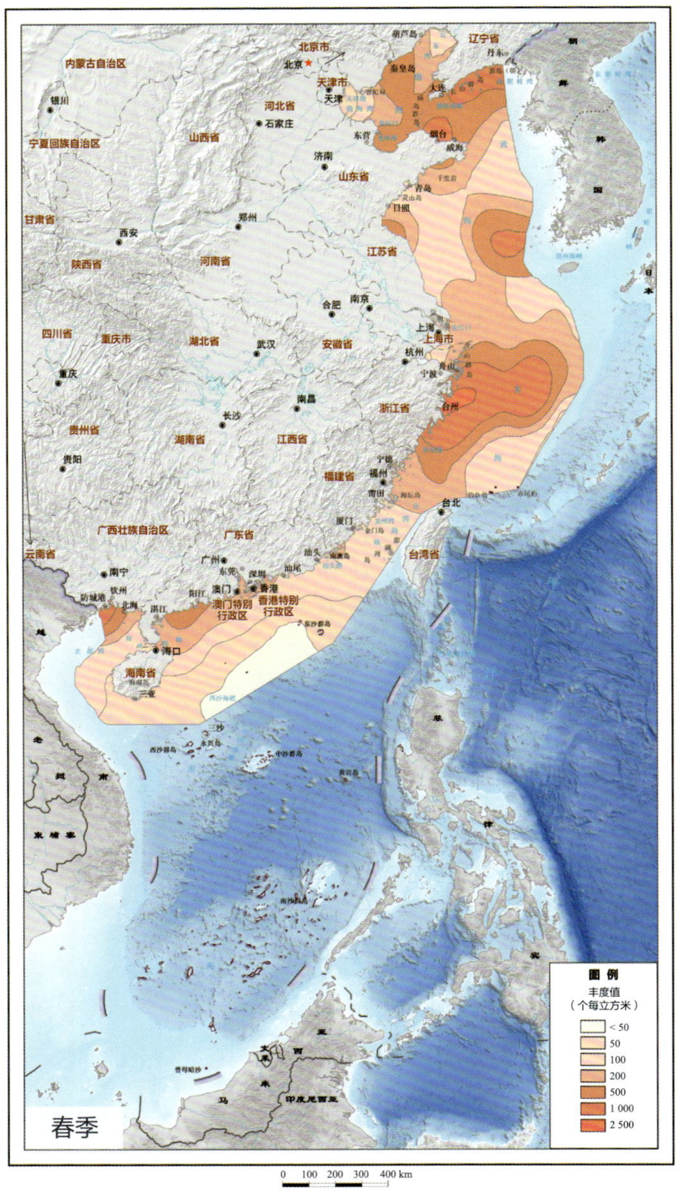

中国海域浮游动物总丰度分布图

中国海域浮游动物总丰度分布图

简要说明

一、图件说明

我国海域浮游动物总丰度分布范围北起辽东湾，南至西沙群岛，涵盖我国渤海、黄海、东海以及南海近海海域。春季丰度大于 2 500 个每立方米的高值区主要分布在东海三门湾邻近海域，次高值区主要分布在渤海南部、黄海北部和中部外海、舟山群岛外海和北部湾北部海域，小于 50 个每立方米的低值区主要分布在南海北部陆架区；夏季丰度大于 500 个每立方米的高值区主要分布在黄海北部山东半岛北侧海域、长江口区、粤东和粤西近岸，低值区分布在一统暗沙海域，低值区与高值区镶嵌交错，呈斑块状分布；秋季丰度大于 500 个每立方米的高值区主要分布在鸭绿江口海域，次高值区主要分布在渤海莱州湾、黄海北部和东南部海域、长江口东部海域、珠江口和北部湾近岸海域，其他海域丰度高低起伏呈大斑块状分布；冬季丰度大于500个每立方米的高值区主要分布在鸭绿江口海域，次高值区主要分布在黄海北部、东海东南部、广东近岸海域和北部湾北部海域，小于 50 个每立方米的低值区主要分布在黄海南部－东海北部、台湾海峡海域，其他海域丰度呈斑块状分布。

二、图件编制

根据“我国近海海洋综合调查与评价”专项中海洋生物调查工作采样站位实测数据绘制，用色差表示总丰度大小。

三、资料来源

本图数据资料主要来源于《中国近海海洋图集——海洋生物与生态》。

中国海域大型底栖生物总栖息密度分布图

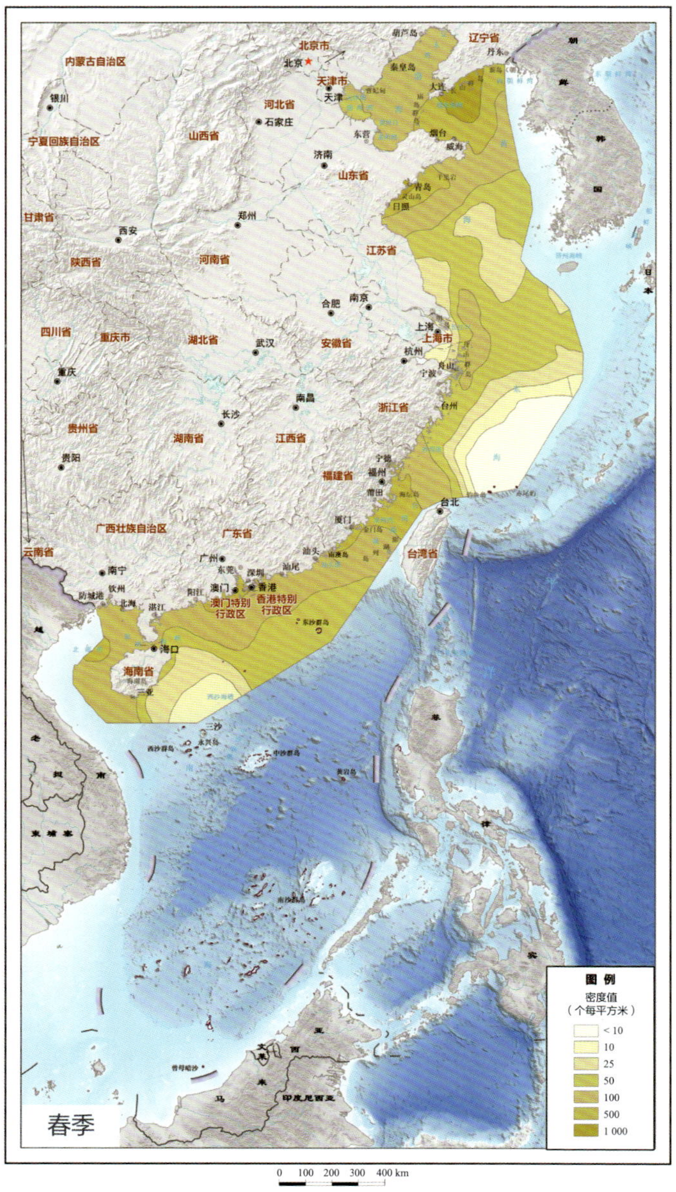

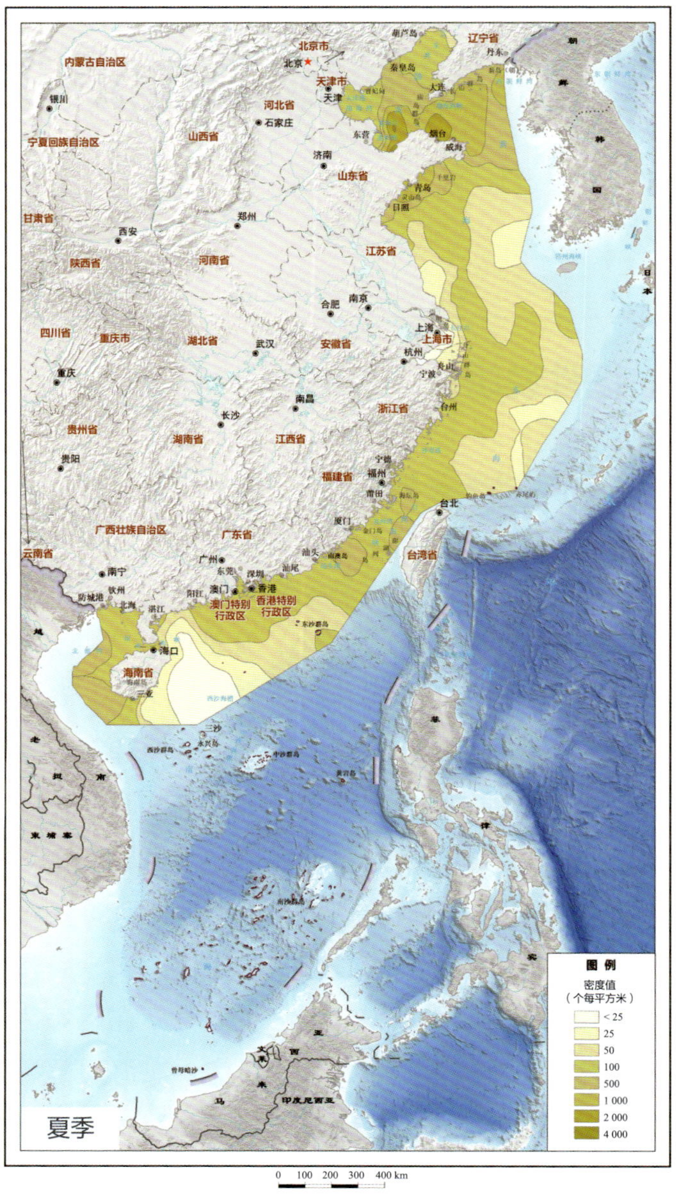

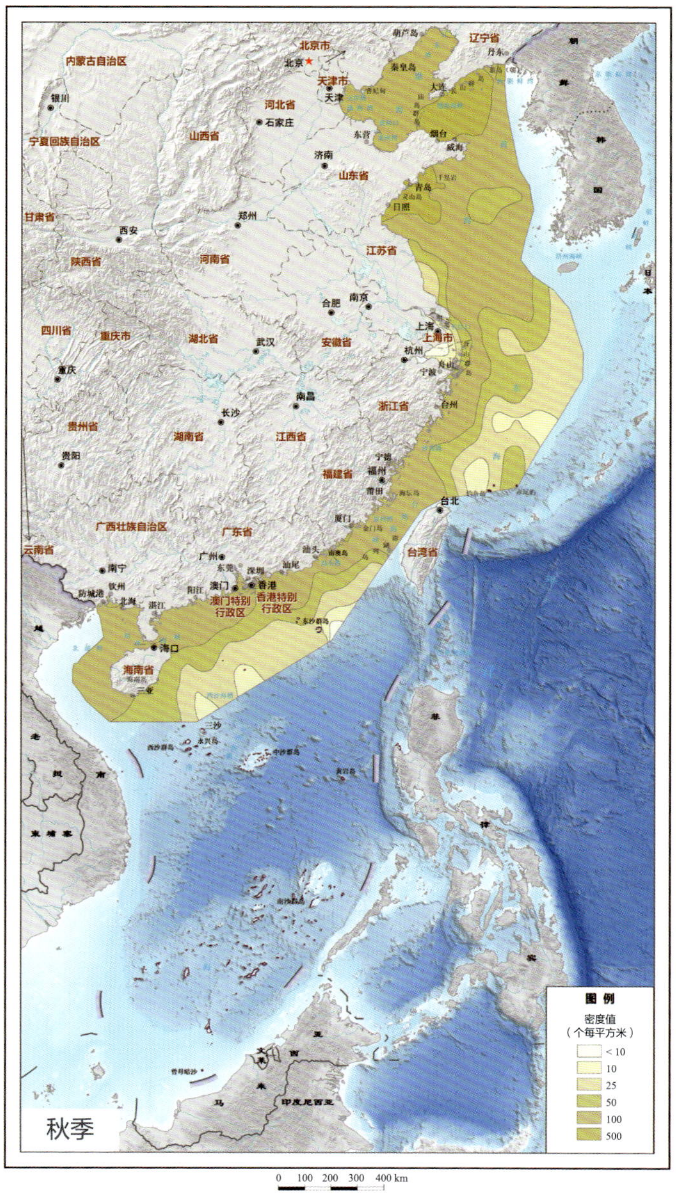

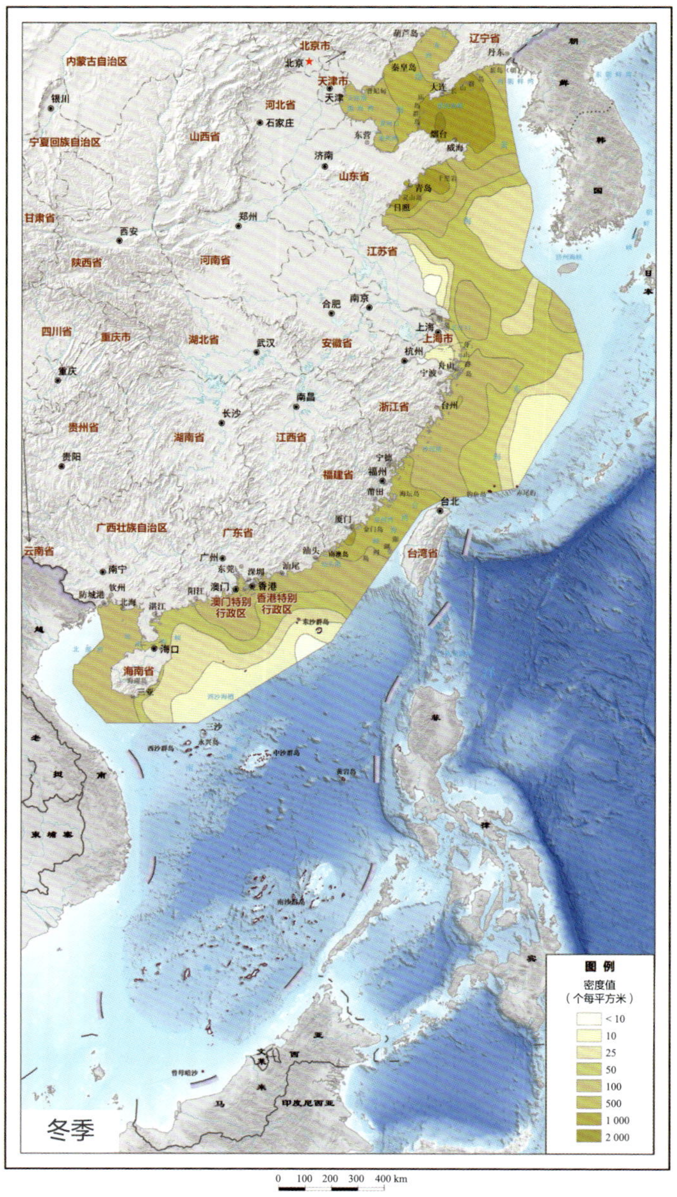

中国海域大型底栖生物总栖息密度分布图

简要说明

一、图件说明

我国海域大型底栖生物总栖息密度分布范围北起辽东湾，南至西沙群岛，涵盖我国渤海、黄海、东海以及南海近海海域。春季密度大于500个每平方米的高值区主要分布在黄海北部、山东半岛南部近岸海域，台湾海峡北部、珠江口和北部湾中部海域，低值区主要分布在东海东南部海域；夏季密度大于500个每平方米的高值区主要分布在渤海中部和南部、黄海北部海域、台湾浅滩和北部湾海域，低值区主要分布在南海神狐暗沙海域；秋季密度分布相对均匀，大于500个每平方米的高值区主要分布在黄海北部、山东半岛以南海域和台湾海峡，总体呈由近岸向外海降低的趋势；冬季密度大于500个每平方米的高值区主要分布在渤海中部和南部、黄海北部海域、山东半岛以南海域和台湾海峡海域，低值区分布在东海东南部和南海北部陆架海域。

二、图件编制

根据“我国近海海洋综合调查与评价”专项中海洋生物调查工作采样站位实测数据绘制，用色差表示栖息密度大小。

三、资料来源

本图数据资料主要来源于《中国近海海洋图集——海洋生物与生态》。

中国海域鱼卵总丰度分布图

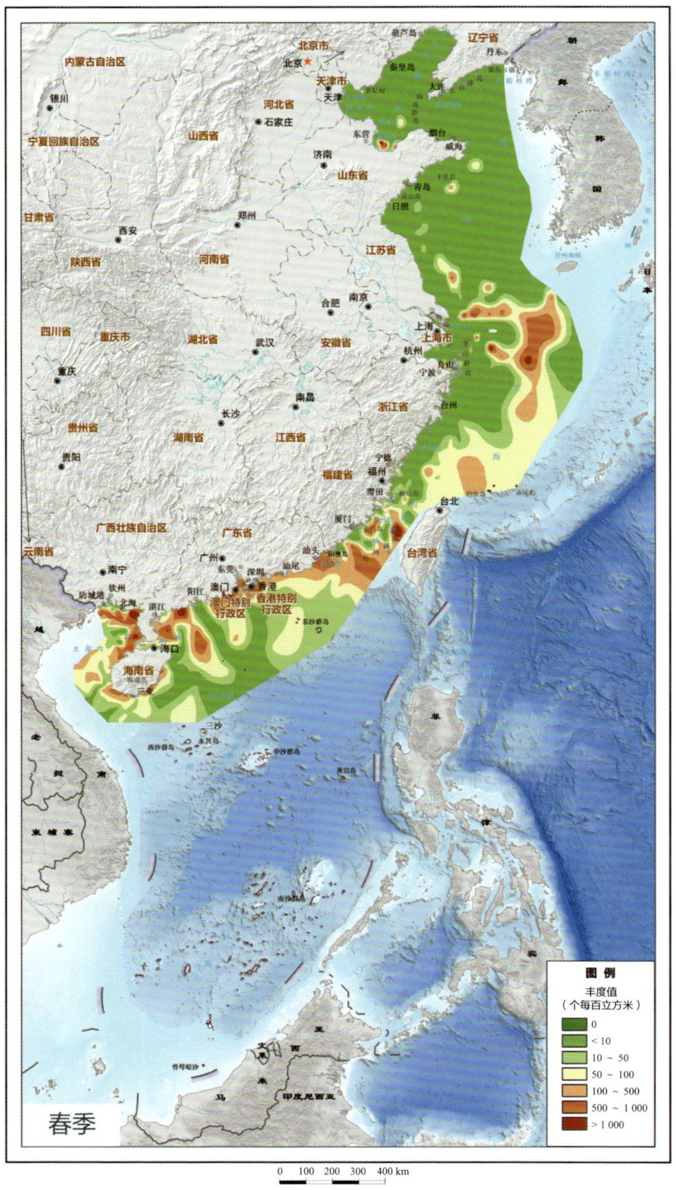

中国海域鱼卵总丰度分布图

简要说明

一、图件说明

我国海域鱼卵总丰度分布范围北起辽东湾，南至西沙群岛，涵盖我国渤海、黄海、东海以及南海近海海域。鱼类浮游生物生存阶段分为三个时期，鱼卵是鱼类发育的最初阶段。春季鱼卵主要分布在东海和南海，总丰度高值区主要分布在莱州湾、长江口、舟山群岛、台湾海峡、南海近岸等海域，丰度值介于500 ~ 1 000 个每百立方米；夏季鱼卵在渤海、黄海、东海的分布范围较春季更为广泛，总丰度高值区主要分布在渤海湾、长江口、舟山群岛、珠江口、北部湾等海域,长江口和舟山群岛周边海域鱼卵总丰度最高，介于 500 ~ 1 000 个每百立方米，渤海中部、黄海中部、浙江近岸等海域鱼卵总丰度较低，小于 10 个每百立方米；秋季渤、黄、东海鱼卵分布较少，大部分海域无鱼卵数据，总丰度高值区分布在珠江口和北部湾海域，北部湾海域丰度值介于 100 ~ 500 个每百立方米，珠江口丰度值大于 1 000 个每百立方米；冬季与秋季分布相似，渤海、黄海、东海大部分站位无鱼卵数据，总丰度高值区主要分布于北部湾海域，丰度值介于 100 ~ 500 个每百立方米。

二、图件编制

根据“我国近海海洋综合调查与评价”专项中海洋生物调查工作采样站位实测数据绘制，用色差表示总丰度大小。

三、资料来源

本图数据资料主要来源于《中国近海海洋图集——海洋生物与生态》。

中国海域仔鱼总丰度分布图

中国海域仔鱼总丰度分布图

简要说明

一、图件说明

我国海域仔鱼总丰度分布范围北起辽东湾，南至西沙群岛，涵盖我国渤海、黄海、东海以及南海近海海域。仔鱼是鱼类浮游生物生存阶段的第二个时期，该阶段是仔鱼将卵膜破孔而出到鳍条初步发育时期。春季仔鱼总丰度与鱼卵总丰度分布相似，主要分布在东海和南海，在长江口和浙江近岸海域分布更广泛，总丰度高值区主要分布在莱州湾、长江口、舟山群岛、台湾海峡、南海近岸等海域，丰度值介于 500 ～ 1 000 个每百立方米；夏季仔鱼在渤海、黄海、东海的分布范围较春季广，总丰度高值区主要集中在黄海北部附近，丰度值大于 1 000 个每百立方米，渤海中部、黄海中部和浙江外海鱼卵总丰度较低，丰度值小于 50 个每百立方米；秋季渤、黄、东海仔鱼分布较少，大部分海域无仔鱼数据，珠江口和北部湾仔鱼总丰度值较高，介于 500 ～ 1 000 个每百立方米；冬季渤海、黄海、东海大部分海域无仔鱼数据，总丰度高值区主要分布在长山群岛和北部湾海域，长山群岛海域总丰度值较高，介于 500 ～ 1 000 个每百立方米，北部湾海域仔鱼总丰度值介于100 ~ 500个每百立方米。

二、图件编制

根据“我国近海海洋综合调查与评价”专项中海洋生物调查工作采样站位实测数据绘制，用色差表示总丰度大小。

三、资料来源

本图数据资料主要来源于《中国近海海洋图集——海洋生物与生态》。

中国海域初级生产力分布图

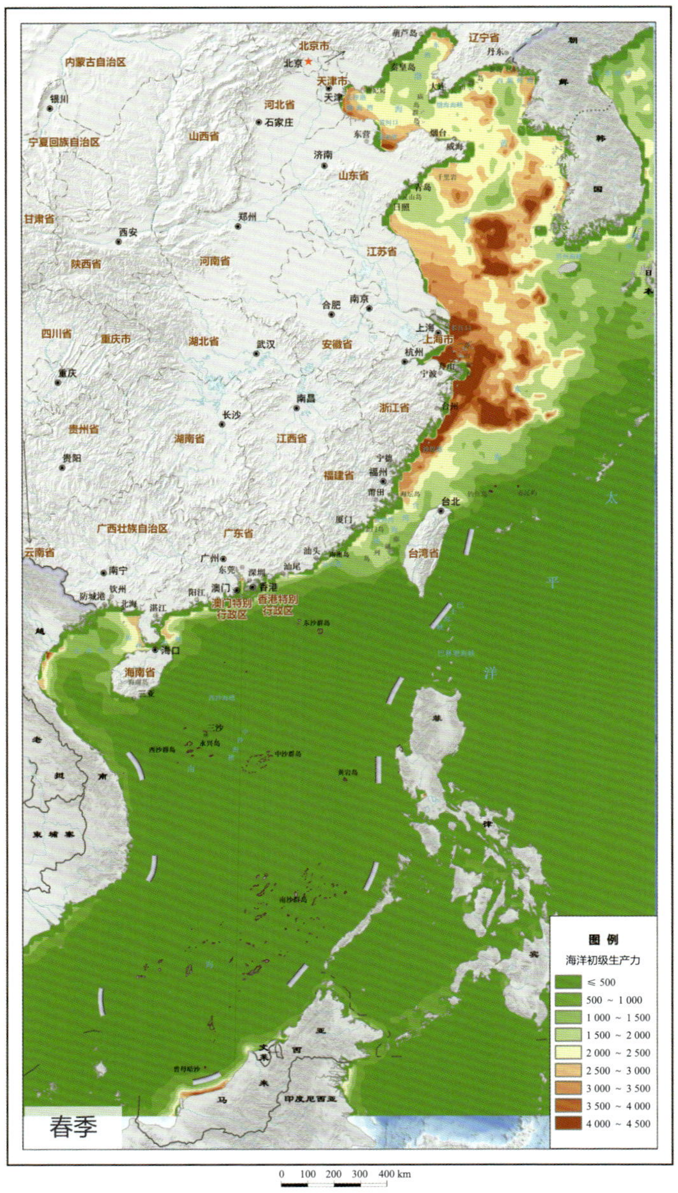

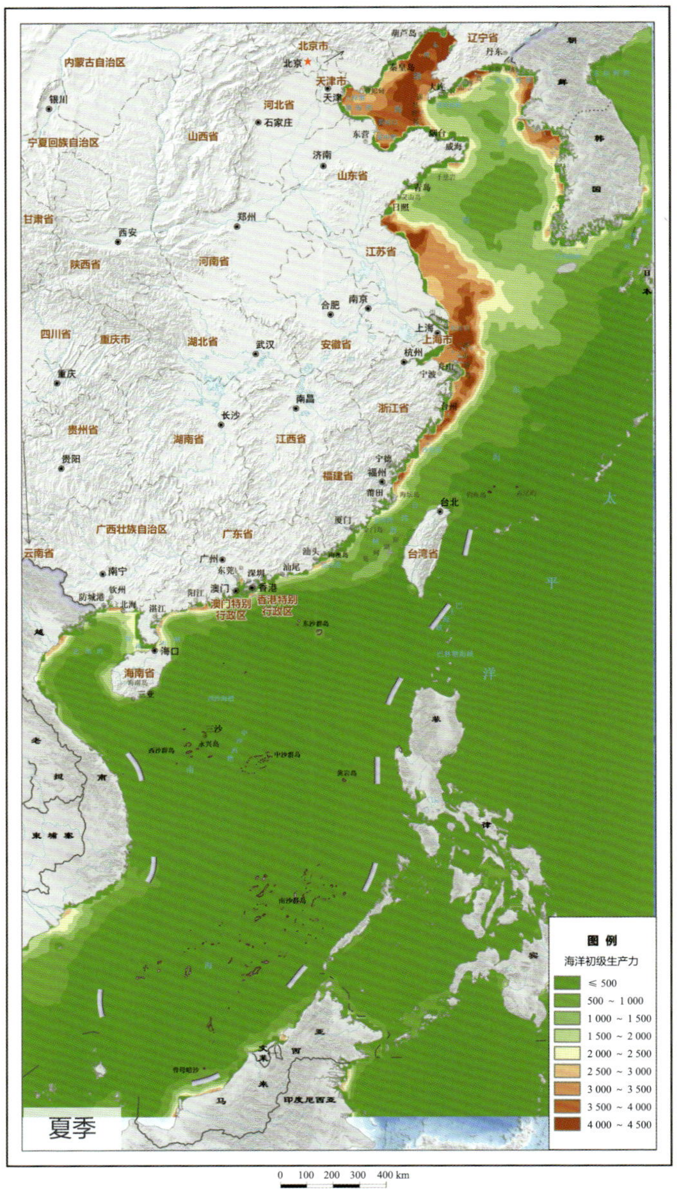

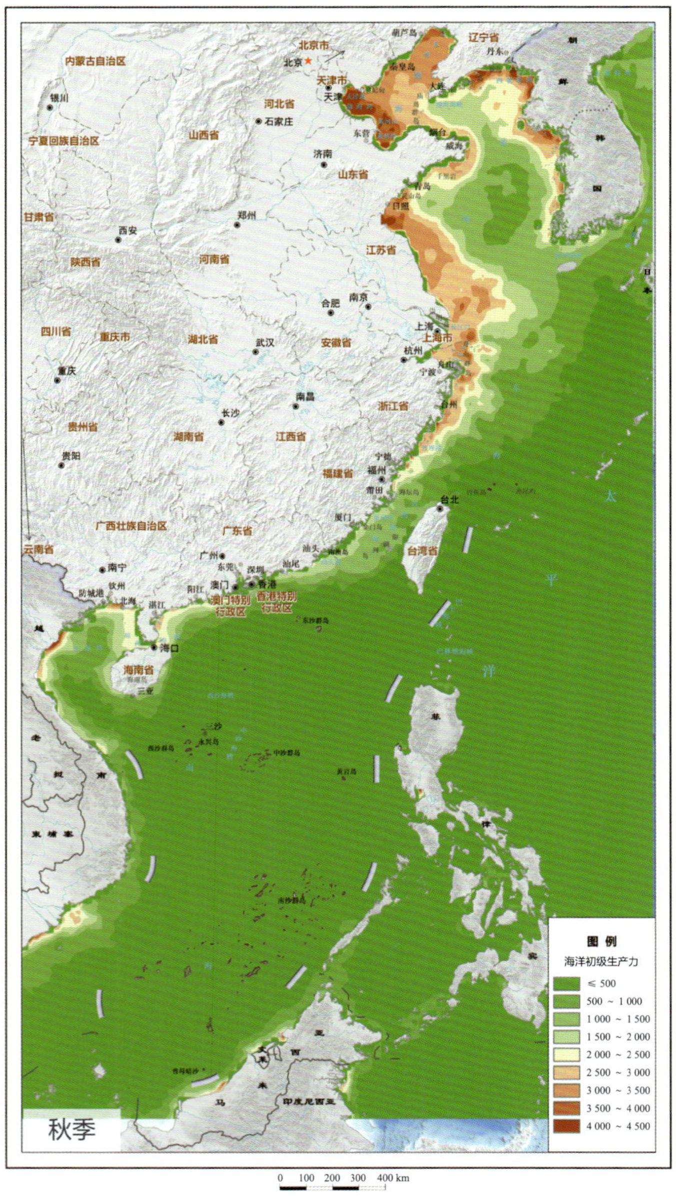

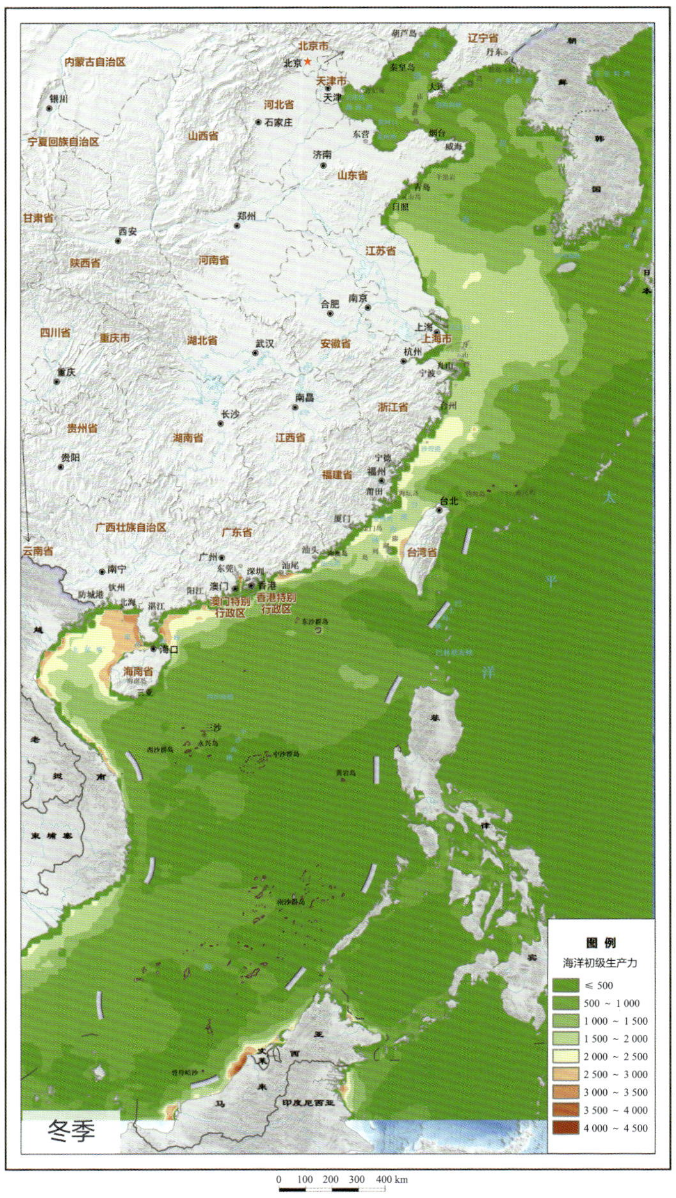

中国海域初级生产力分布图

简要说明

一、图件说明

海洋初级生产力（Net Primary Productivity，NPP）指在单位面积上水柱内海洋浮游植物光合作用的能力，一般以每天或每年单位面积上固定的碳量表示，是描述海洋生态系统和环境特征的重要参数，对海洋生态系统、环境特征、海洋生物地球化学循环和全球气候变化等都具有非常重要的研究意义。

我国海域海水中浮游植物、营养物质等在近岸水体中分布较多，远洋水体中较少，初级生产力的分布近岸明显高于外海，由近岸向外海呈带状递减趋势。春季，黄海和东海初级生产力高于渤海和南海，初级生产力高值区主要位于渤海湾和莱州湾近岸、南黄海中部及东海近岸海域；夏季，初级生产力以渤海最高，苏北外海和长江口邻近海域也呈现高值；秋季，初级生产力高值区仍主要分布在渤海，尤以渤海湾和莱州湾为最高，黄海和东海近岸海域也呈现较高值；冬季，我国海域初级生产力整体偏低，仅在北部湾海域呈现高值，其次在东海北部亦呈现相对较高值。

二、图件编制

本图利用 MODIS 获取的卫星数据，基于 VGPM 模型反演 2021 年各季度中国近海海域海洋初级生产力分布。

三、资料来源

本图数据资料主要来源于中分辨率成像光谱仪（MODIS）2021 年卫星遥感反演数据，空间分辨率为 1 千米。

中国海域海洋生物多样性综合评价图

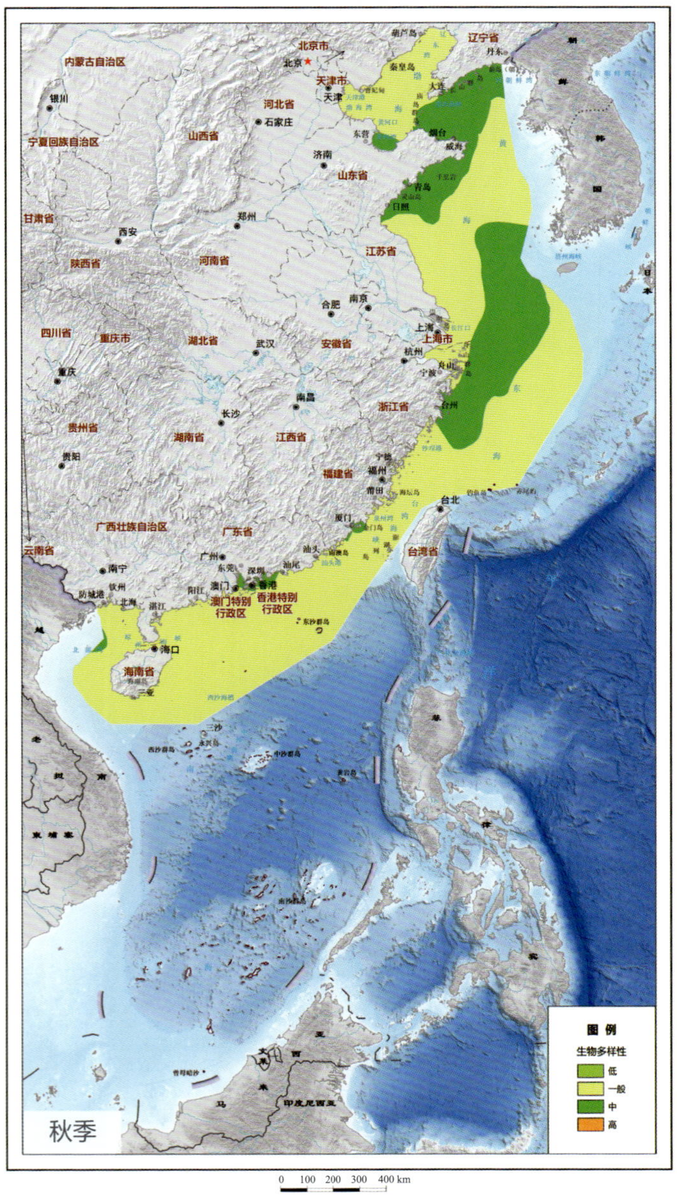

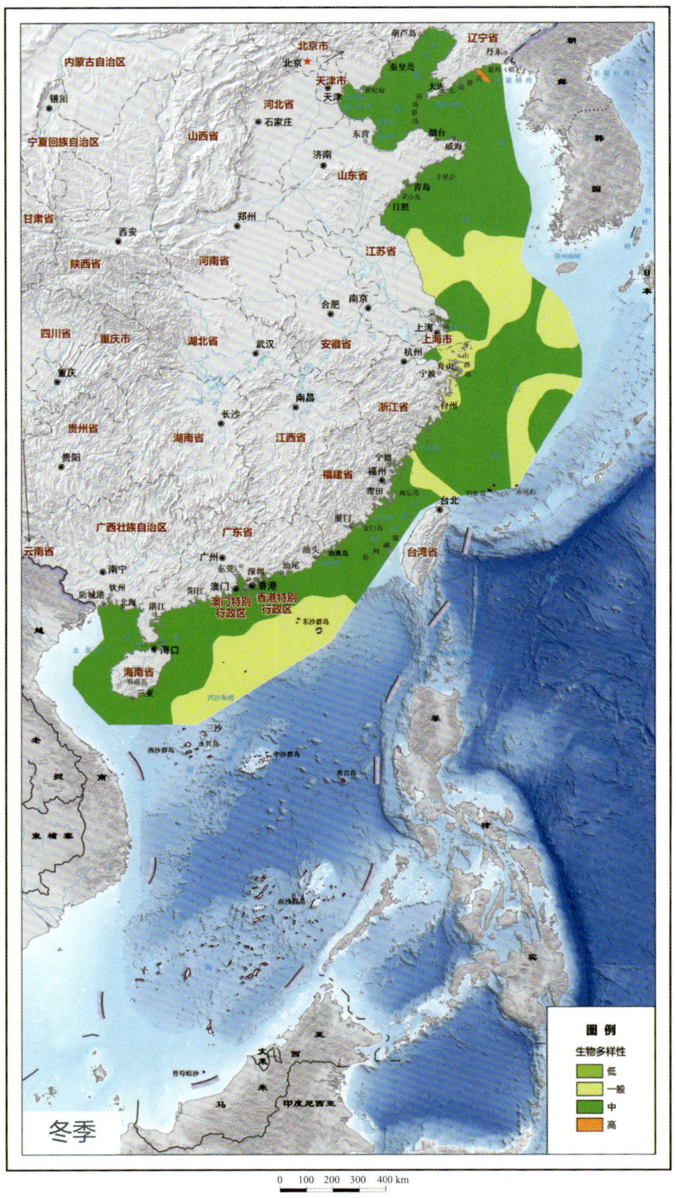

中国海域海洋生物多样性综合评价图

简要说明

一、图件说明

我国海域海洋生物多样性等级整体以中、一般为主，渤海、黄海北部、东海及南海近岸地区生物多样性较高。春季鸭绿江口海域存在生物多样性高等级区，各海区近岸海域大面积分布生物多样性中等级区；夏季渤黄海、东海长江口海域以及南海近岸海域分布生物多样性中等级区；秋季生物多样性中等级区主要分布在黄海中北部及近岸、东海中部，在九龙江及珠江入海口区域零星分布；冬季生物多样性中等级区大面积分布在黄渤海、东海和南海近岸海域，鸭绿江口附近存在小范围高等级区。

二、图件编制

参照《HY/T 215-2017 近岸海域海洋生物多样性评价技术指南》，依据浮游植物物种多样性、浮游动物物种多样性和大型底栖生物物种多样性三个一级指标，得出海洋生物多样性评价结果。各类物种多样性评价的二级指标包括浮游植物种类多样性指数、浮游动物丰度、浮游动物生物量、浮游动物种类多样性指数、浮游动物种类丰富度指数、大型底栖生物栖息密度、大型底栖生物生物量、大型底栖生物种类多样性指数、大型底栖生物种类丰富度指数等。

海洋生物多样性的二级指标按下式赋值：

$$Y_{ij} = \frac{Y_{ij\max} - Y_{ij\min}}{I_{ij\max} - I_{ij\min}}(I_{ij} - I_{ij\min}) + Y_{ij\min}$$

式中：Y_{ij} 为第 i 个一级指标中的第 j 个二级指标的赋值得分；$Y_{ij\max}$ 为第 i 个一级指标中的第 j 个二级指标所隶属等级的分值上限；$Y_{ij\min}$ 为第 i 个一级指标中的第 j 个二级指标所隶属等级的分值下限；$I_{ij\max}$ 为第 i 个一级指标中的第 j 个二级指标所隶属等级的指标值上限；$I_{ij\min}$ 为第 i 个一级指标中的第 j 个二级指标所隶属等级的指标值下限；I_{ij} 为第 i 个一级指标中的第 j 个二级指标的实测值（各指标等级指标值和分值均参考《HY/T 215-2017 近岸海域海洋生物多样性评价技术指南》）。

海洋生物多样性综合指数（*MBI*）按下式计算：

$$MBI = \sum_{i=1}^{3} W_i \sum_{j=1}^{n} Y_{ij} W_{ij}$$

式中：W_i 为第 i 个一级指标的权重；Y_{ij} 为第 i 个一级指标中的第 j 个二级指标的赋值得分；W_{ij} 为第 i 个一级指标中的第 j 个二级指标的权重。

按海洋生物多样性综合指数（*MBI*）得分，可将海洋生物多样性现状划分为四个等级，如下表所示。

海洋生物多样性现状分级

海洋生物多样性等级	海洋生物多样性综合指数
高	≥ 75 ～ 100
中	≥ 50 ～ < 75
一般	≥ 25 ～ < 50
低	0 ～ < 25

三、资料来源

本图数据资料主要来源于《中国近海海洋图集——海洋生物与生态》以及国家重点基础研究发展计划（973 计划）“能源微藻优良藻种选育原理与综合评价体系”和“中国东部陆架边缘海海洋物理环境演变及其环境效应”、国家海洋勘测专项“南海专属经济区和大陆架渔业资源及其栖息环境调查（HY 126-02）”等相关项目的公开发表资料及文献。

5

海 水

中国海域表层海流分布图

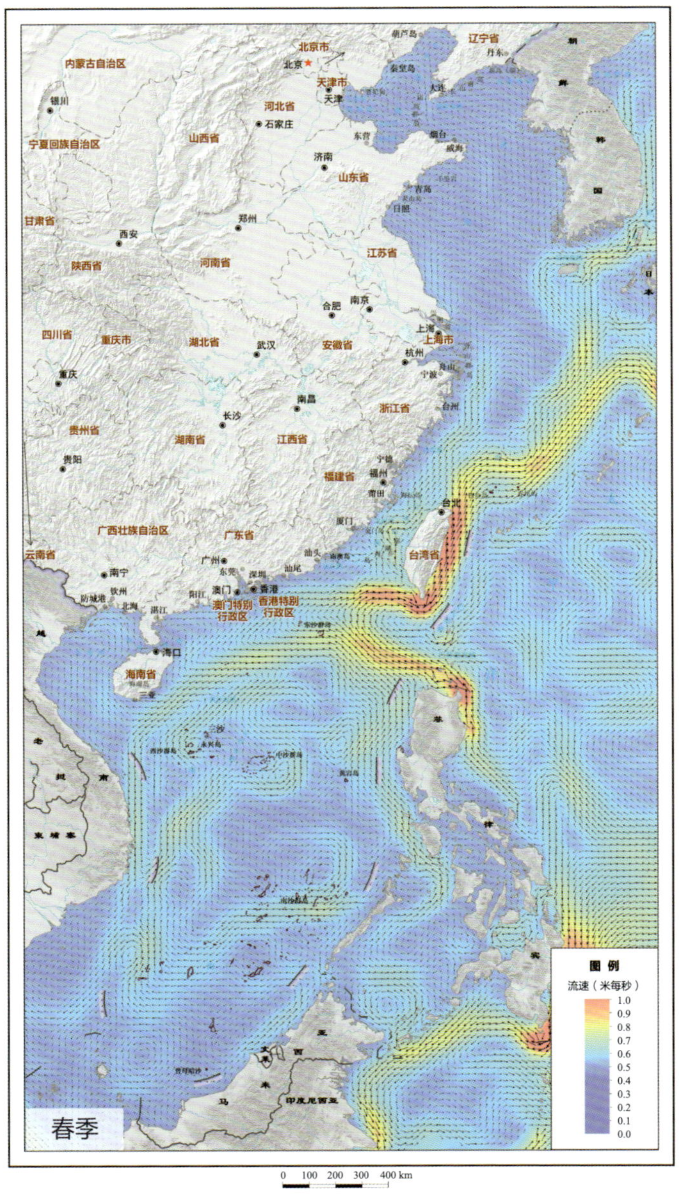

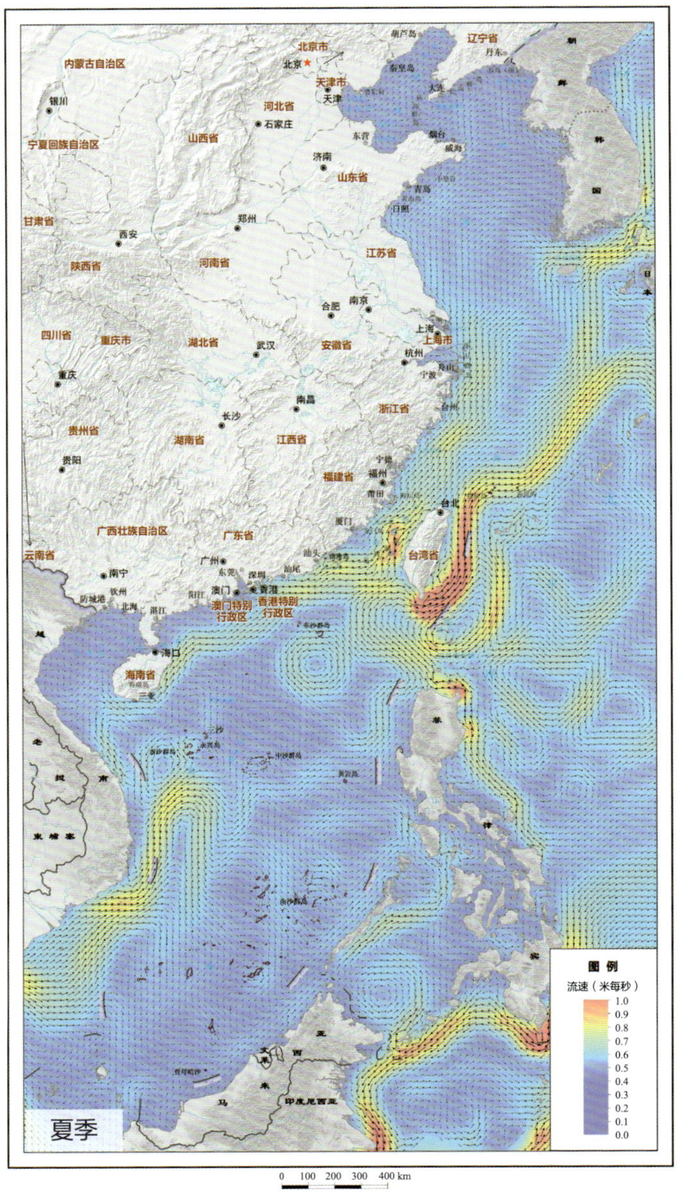

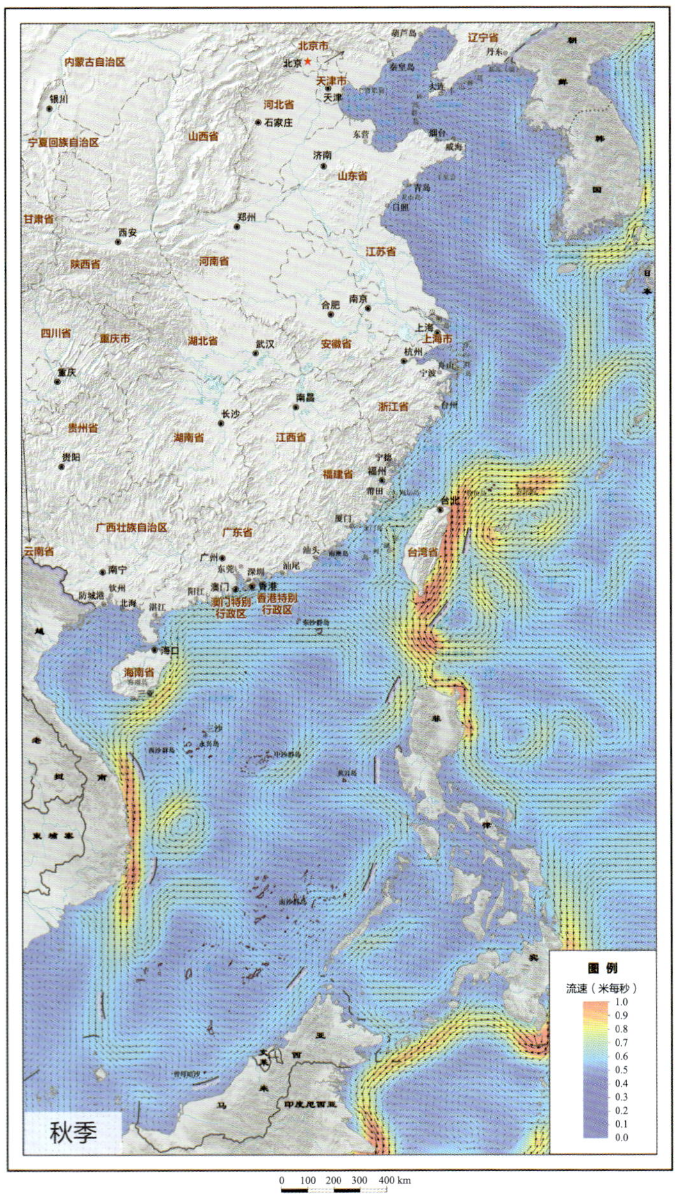

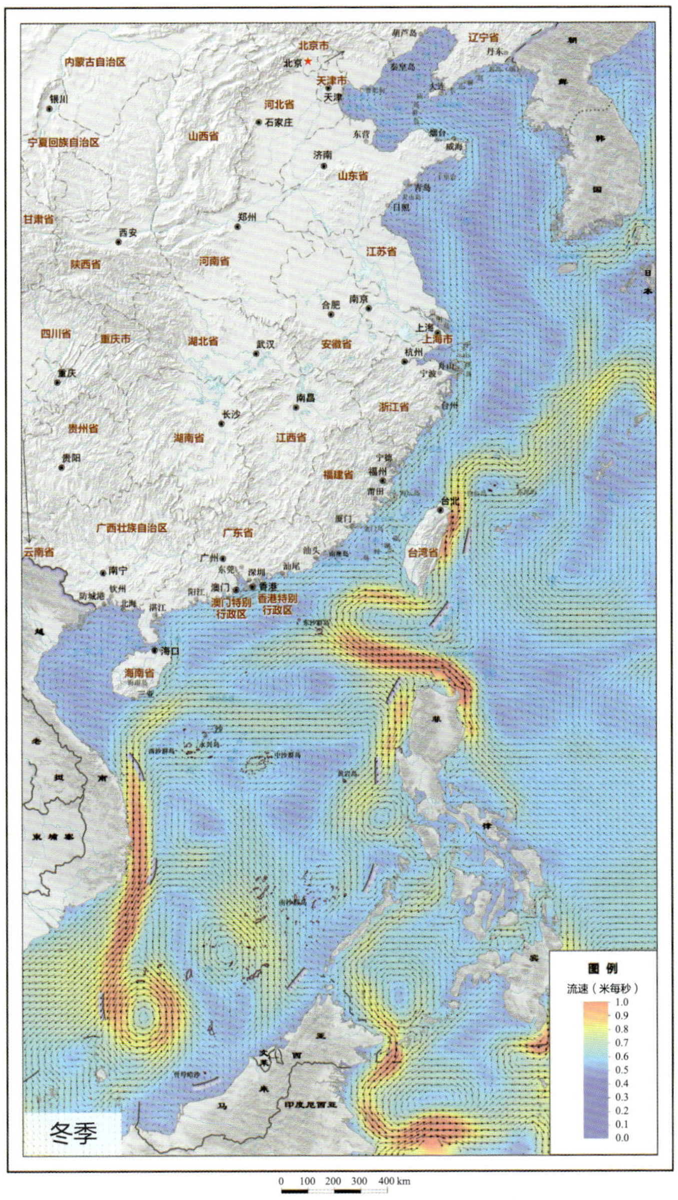

中国海域表层海流分布图

简要说明

一、图件说明

我国东部海域的海流主要是由黑潮暖流系统和中国沿岸流组成，具有气旋环流的性质。主流黑潮，经我国台湾和与那国岛之间的水道由太平洋进入东海，在台湾东北，黑潮分支入侵东海陆架，进入浙闽浅海，成为台湾暖流的一部分，在济州岛西南，又一分支转向西北插入黄海，成为黄海暖流的一部分，会同沿岸流构成中国东部海域的环流系统。南海是一个半封闭的边缘海，主要靠台湾海峡、巴士海峡、民都洛海峡和马六甲海峡与邻近海域进行水交换，同样也受到黑潮入侵和季风影响，形成相对独立的南海环流系统。

影响我国近海及邻近海区海流系统季节变化的因素较为复杂。对马暖流的流速和流量有着年周期的特点，流速以夏季最大，冬季最小。黄海暖流的流速也有显著的季节变化，通常是冬季强，夏季弱。台湾暖流的流速具有明显的季节性，夏季强，冬季弱。南海的夏季表层流向为东北向，冬季为西南向。夏季、秋季和冬季，南海西部的海流强于东部，强流区在越南近海。

沿岸流系的季节变化除受大陆径流变化的影响外，还受季风变化的影响。夏季，随着西南季风的兴起，表层环流沿等深线向北流动，流速高值区主要集中在黑潮和沿岸流路径区，台湾暖流显著加强，长江的冲淡水明显向济州岛方向扩散。珠江冲淡水受季风影响向东北飘移，可越过台湾海峡进入东海，海流显著加强。南海受西南季风控制，上层环流呈反气旋式运动。冬季，受东北季风影响，山东半岛沿岸流和浙闽沿岸流显著增强（流速约为 0.5 米每秒），成为黄河和长江入海泥沙输送的主要动力。南海上层环流呈气旋式运动，一部分黑潮水从巴士海峡进入南海北部，汇合台湾海峡的东海水一起向西南流动，流速最大可达 1.0 米每秒。

二、图件编制

本图根据全球海流再分析数据，经季节平均后绘制，数据空间分辨率 1/12° × 1/12°。用速度矢量和颜色分别表示海流的方向和大小。

三、资料来源

本图数据资料主要来源于 2021 年 HYCOM 全球海流日平均再分析数据。

中国海域海水温度分布图

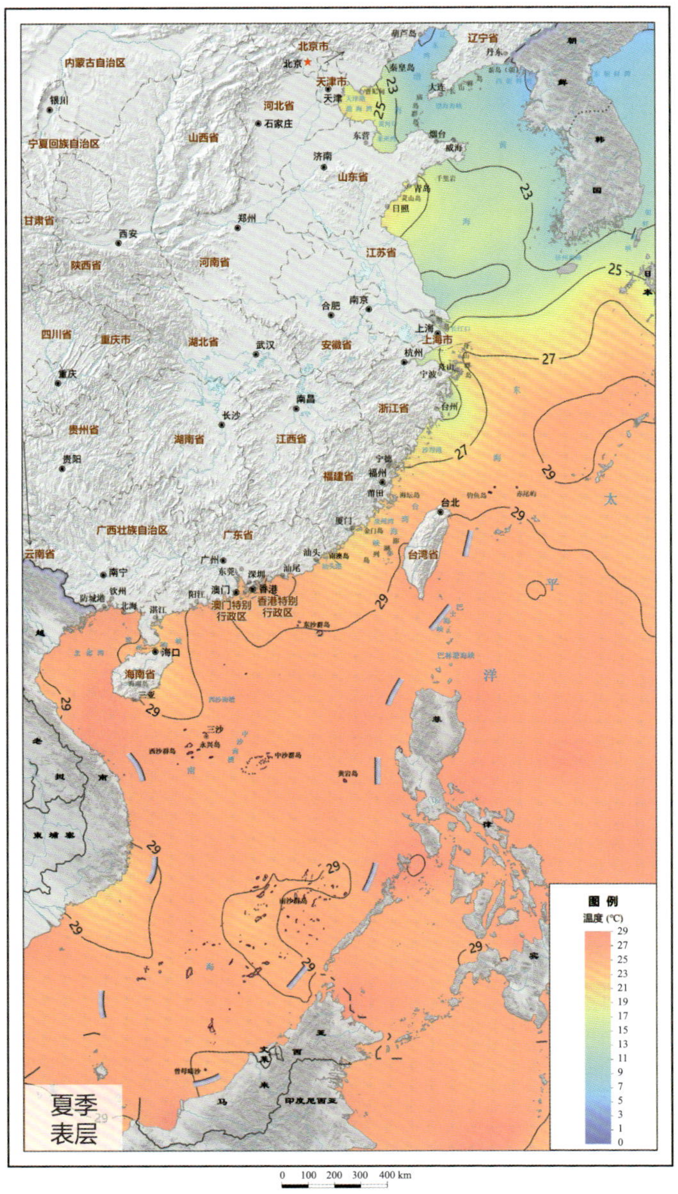

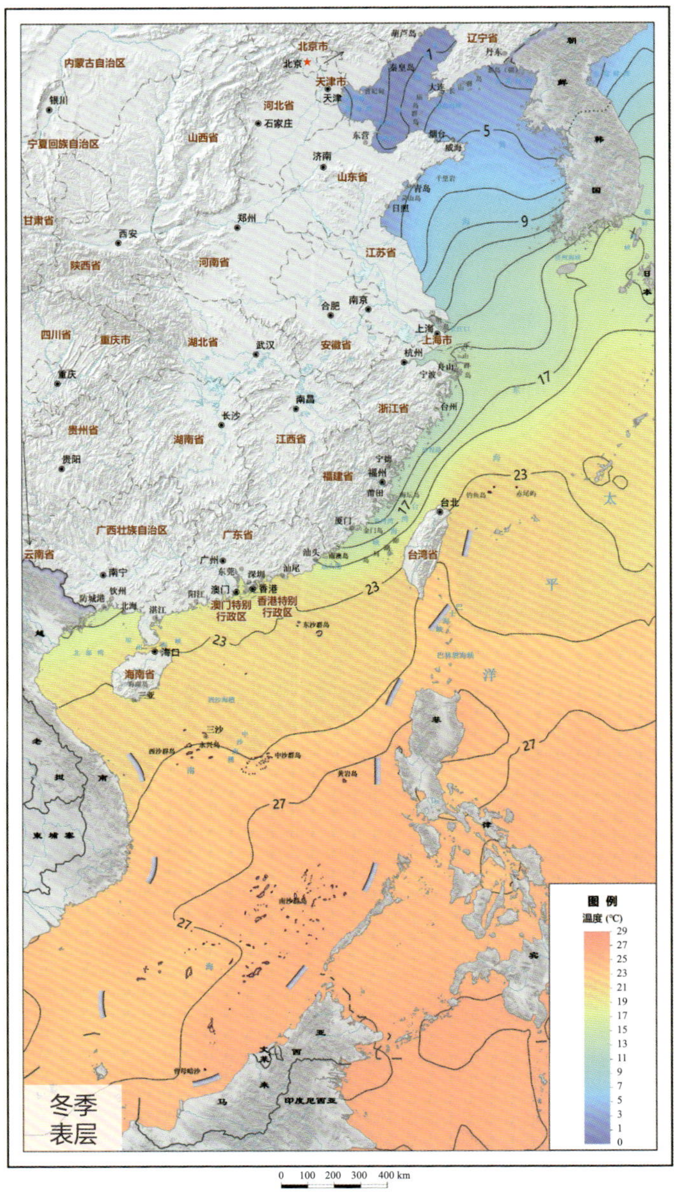

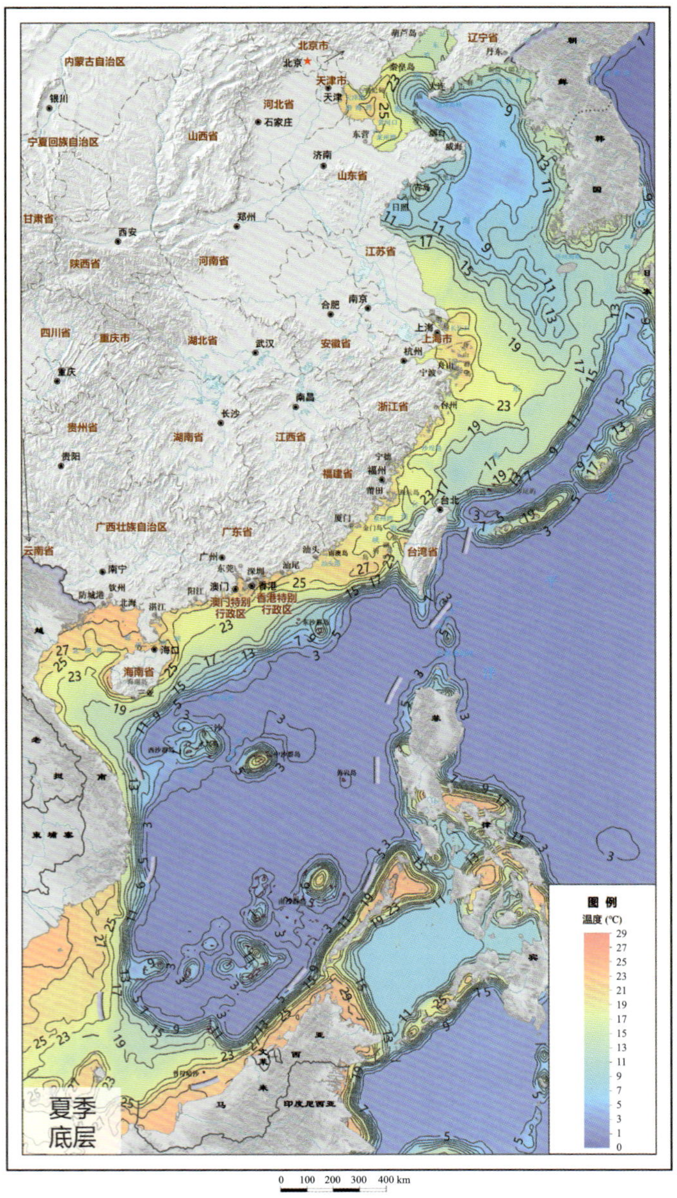

中国海域海水温度分布图

简要说明

一、图件说明

我国海域水体温度主要受海气交换、太阳辐射等影响，局部海域受黑潮入侵、入海径流等因素影响，整体上呈现北低、南高，近岸低、离岸高的特征。

夏季，渤海、黄海大部海域表层温度为 26℃，渤海湾和海州湾的浅水区水温相对较高，辽东湾和朝鲜西岸低温区显著。东海大部海域表层水温介于 27 ~ 29℃，分布均匀，近岸水温稍低于远海。南海大部海域表层水温介于 28 ~ 30℃，在北部湾西部海域出现高值区，水温超过 30℃。渤海、黄海大部海域底层水温最高可以达到 22℃，黄海中部受冷水团影响，水温介于 6 ~ 10℃。东海大部海域底层水温介于 16 ~ 26℃，近岸海域水温高于远海。大陆架以外海域温度急剧降低，一般介于 2 ~ 4℃。北部湾近岸海域水温较高，介于 20 ~ 30℃。南海大部海域 800 米以下水温低于 6℃，800 米以下水体与表层水体温差平均约为 22.5℃。

冬季，渤海、黄海大部海域水体表层温度介于 0 ~ 2℃，渤海水温最低，受黄海暖流的影响，黄海温度等值线呈现出舌状形态向北入侵。东海大部海域表层水温介于 14 ~ 22℃，分布较为均匀，受浙闽沿岸流的影响，近岸低温水体可以延伸至福建近海。南海表层水温介于 14 ~ 30℃，温度等值线平行于纬线圈。渤海、黄海北部大部海域底层水温分布在 6℃以下，南黄海和黄海中部受冬季黄海暖流强势入侵的影响，底层水温介于 6 ~ 12℃。东海大部海域底层水温介于 14 ~ 18℃，分布较为均匀，近岸海域水温低于远海。大陆架以外海域温度急剧降低，介于 2 ~ 4℃，陆架坡折带受黑潮入侵影响，温度稍高于内陆架。冬季南海 800 米以下水体与表层水体温差平均约为 19℃。

二、图件编制

本图根据全球海洋数据集季节平均数据绘制，数据空间分辨率 1/4° × 1/4°。用色差表示温度高低。

三、资料来源

本图数据资料主要来源于美国国家海洋和大气管理局（NOAA）环境信息中心发布的全球海洋数据集（WOA2018）。

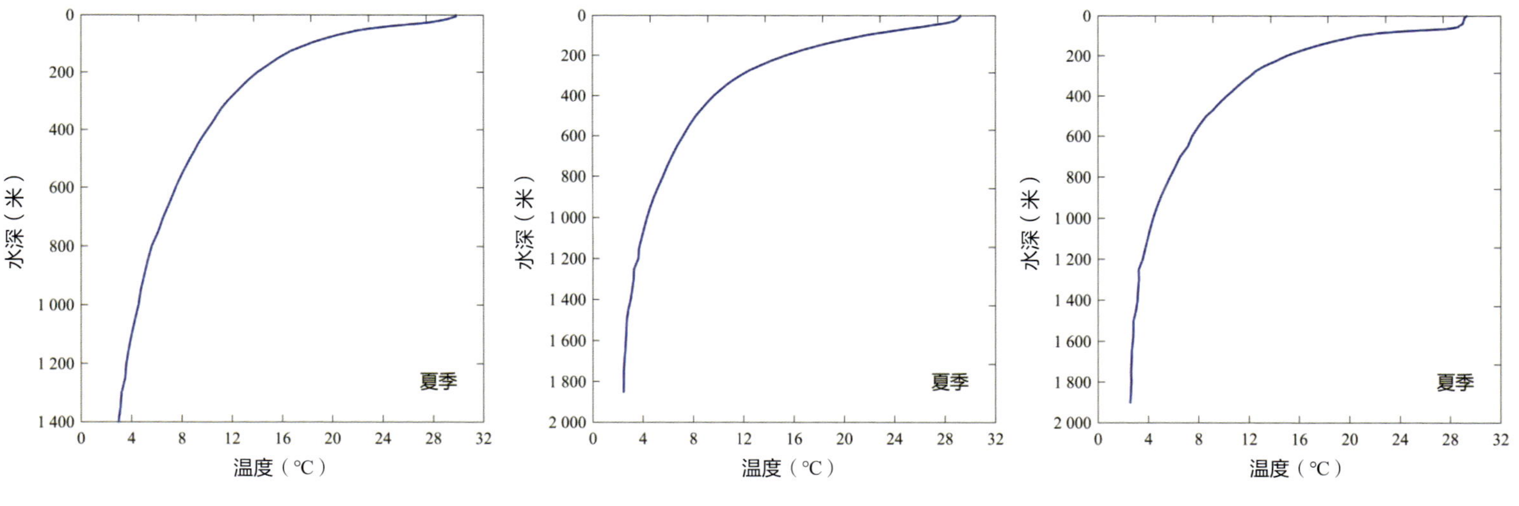

东沙、西沙、南沙群岛附近海域夏季温度剖面

中国海域海水盐度分布图

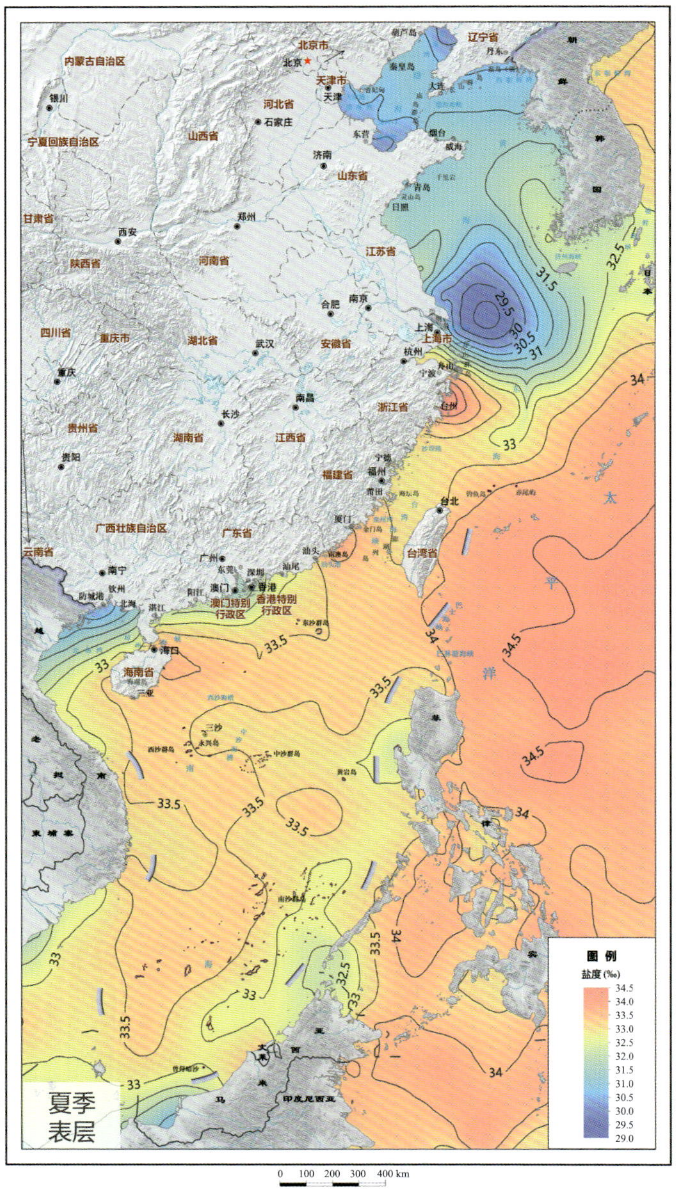

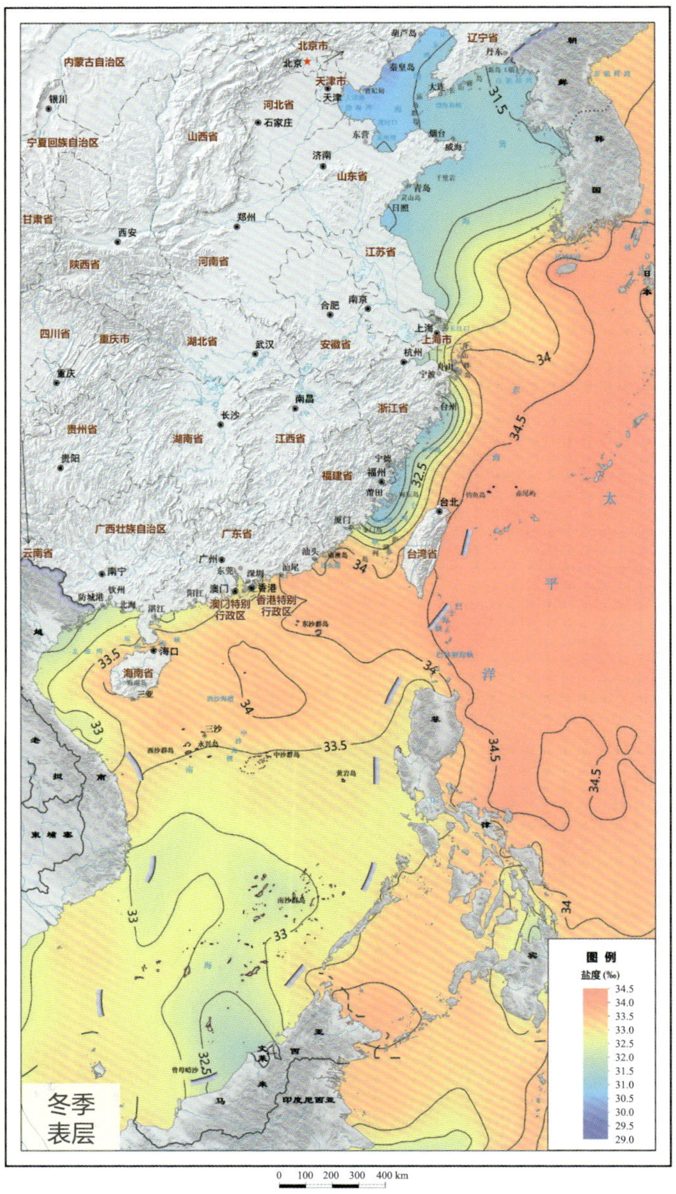

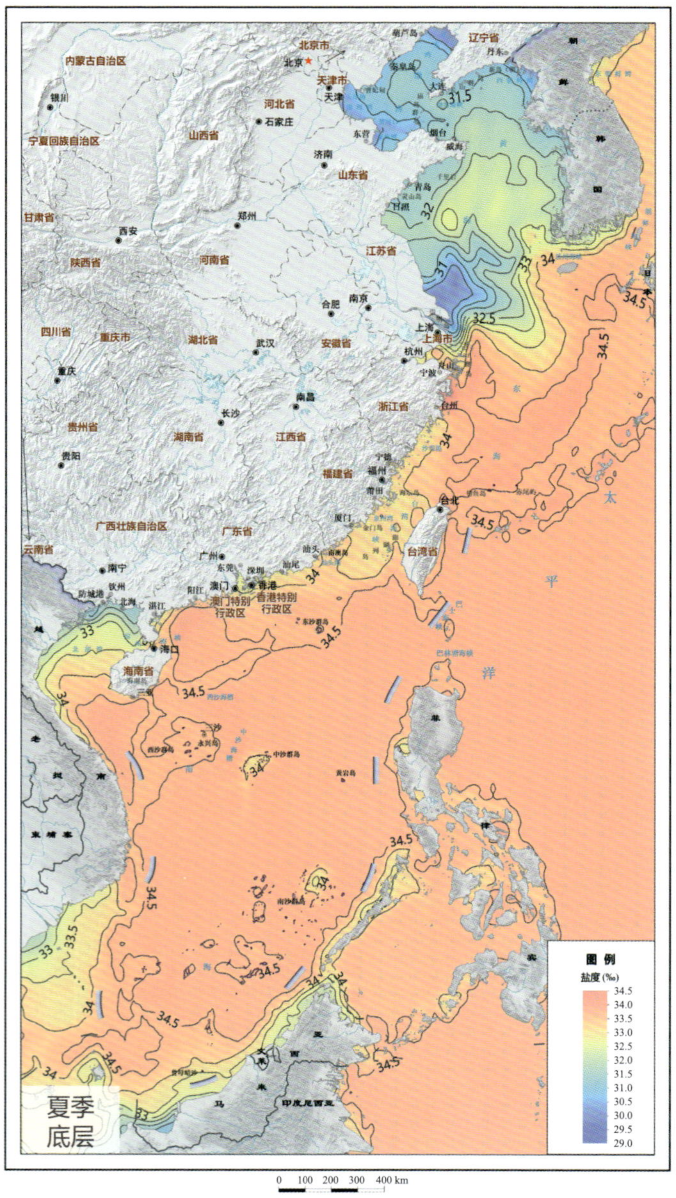

中国海域海水盐度分布图

简要说明

一、图件说明

我国海域水体盐度主要受降雨和入海径流影响，局部海域受环流影响，整体上呈现北低、南高，近岸低、离岸高的特征。

夏季，渤海、黄海大部分海域表层盐度在29 ~ 32之间，低值区分布在渤海湾、莱州湾、黄海南部等海域，主要是受黄河、长江径流入海影响。东海大部分海域表层盐度在32 ~ 34.5之间，分布较为均匀，外海受黑潮入侵明显。南海海域表层盐度在30.5 ~ 33之间，受径流影响北部湾西部海域盐度较低。渤海、黄海大部海域底层盐度在29 ~ 32之间，黄海东部和中部底层海水在黄海暖流的入侵作用下盐度可达33。东海、南海绝大部分海域底层盐度在33 ~ 35之间。

冬季，渤海、黄海大部分海域表层盐度在30 ~ 33之间，低值区分布在渤海湾、莱州湾等海域，在30 ~ 31之间，黄海海区受黄海暖流的影响，盐度等值线高值呈现出锥形形态向北入侵。东海绝大部分海域表层盐度分布在31.5 ~ 34.5之间，受浙闽沿岸流的影响，长江径流入海后向南流动，近岸低盐水体可以延伸至台湾海峡南部。南海海域表层盐度分布在32 ~ 34之间，黑潮入侵南海导致粤东至吕宋海峡海域出现盐度高值区。渤海、黄海大部分海域底层盐度在30 ~ 34之间，低值区分布在渤海湾、莱州湾等海域，在30 ~ 31之间，黄海海区受黄海暖流的影响，底层盐度等值线高值呈现出锥形形态向北入侵，可到达渤海海峡。东海绝大部分海域底层盐度分布在32 ~ 34.5之间，长江径流入海后向南流动，近岸低盐水体可以延伸至台湾海峡中部。南海海域底层盐度分布在32 ~ 35之间。

二、图件编制

本图根据全球海洋数据集季节平均数据绘制，数据空间分辨率1/4° × 1/4°。用色差表示盐度高低。

三、资料来源

本图数据资料主要来源于美国国家海洋和大气管理局（NOAA）环境信息中心发布的全球海洋数据集（WOA2018）。

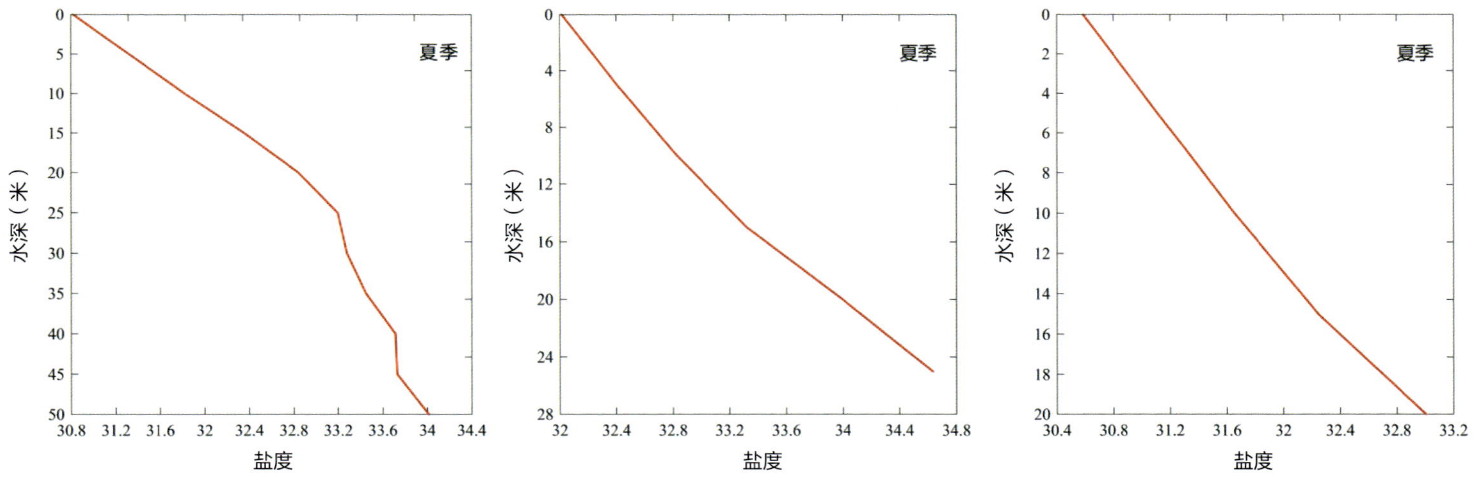

长江口附近海域夏季盐度剖面

中国海域水体悬浮物浓度分布图

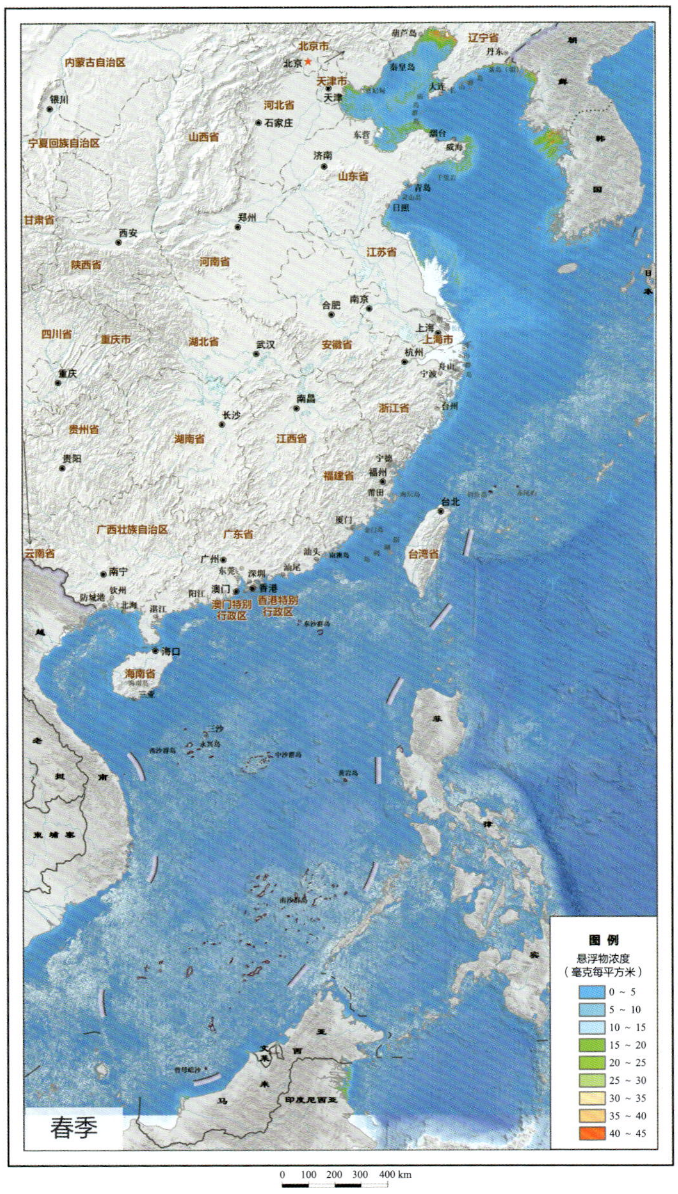

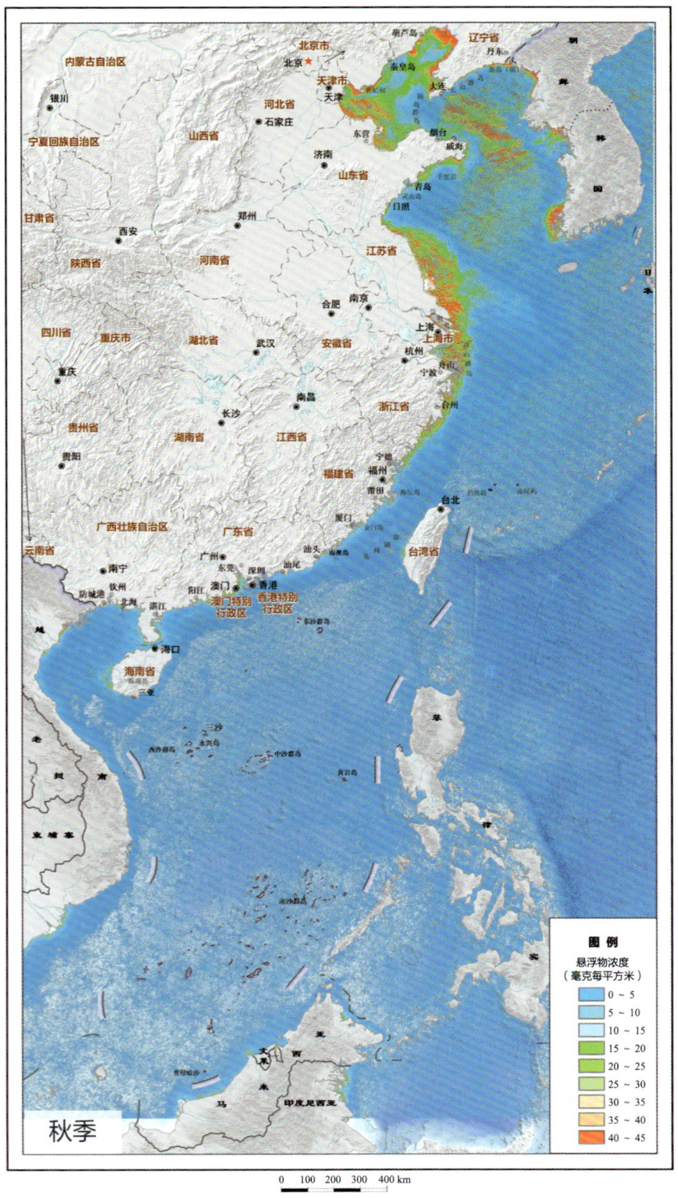

中国海域水体悬浮物浓度分布图

简要说明

一、图件说明

海水中悬浮物含量是衡量海水污染程度的指标之一，水体中有机悬浮物沉积后易厌氧发酵，使水质恶化。另外，海水中悬浮物含量还直接影响海水的声学性质和光学性质。

海洋中的悬浮物，主要包含颗粒有机物、无铝无机物和铝硅酸盐 3 类，其组成随深度而变化：在表层海水中，大部分悬浮物是有机物；在近底层的海水中，约一半的悬浮物为无铝无机物。沿岸和河口的悬浮物，组成比较复杂，主要是来自大陆的无机颗粒和有机颗粒。

在我国海域，随着离岸距离的逐渐增加，海水悬浮颗粒物浓度逐渐降低。渤海、黄海、东海、南海悬浮物浓度逐级降低。春季和夏季，我国海域水体悬浮颗粒物浓度相对较低，秋季和冬季，尤其是冬季，水体悬浮颗粒物浓度较高。其主要原因是冬季入海河流的径流量减小，导致悬浮颗粒物浓度较高，而且，在冬季季风的垂直混合作用下，悬浮颗粒物被搅动使得浓度较高。

二、图件编制

本图根据 MODIS 获取的卫星数据反演、绘制我国海域 2021 年四季海水悬浮物浓度信息。基于卫星数据结果，将中国海域海水悬浮物浓度以不同颜色表示。

三、资料来源

本图数据资料主要来源于美国地球观测系统的中分辨率成像光谱仪（MODIS）2021 年 Level3 海水悬浮物浓度季度平均产品，数据空间分辨率 4 千米。

中国海域叶绿素浓度分布图

中国海域叶绿素浓度分布图

简要说明

一、图件说明

海洋叶绿素 a（chl-a）是衡量海洋浮游植物生物量和初级生产力的重要指示因子，也是判断水域肥瘠程度和评价水域渔业潜在生产力的基本依据。海洋叶绿素 *a* 的浓度不仅与海洋生态系统初级生产力密切相关，对海洋系统的碳循环、环境监测、赤潮灾害监测以及渔业管理都具有重要意义。

中国沿岸海域水深较浅，混合作用强，营养盐较丰富，适合浮游生物生长，海洋叶绿素 a 浓度沿岸明显高于外海，呈现出由近岸向外海递减的趋势。

春季，渤海、黄海和东海叶绿素 a 浓度整体较高，大面积海域都高于 2 毫克每立方米，辽东湾、黄河口、莱州湾连片海域和苏北、长江口连片海域叶绿素 a 浓度呈现高值区，南海只在沿岸海域有较高浓度；夏季，黄海和东海叶绿素 a 浓度明显降低，尤其是黄海，呈现一年中最低值，仅在沿岸出现高值，渤海叶绿素 a 浓度有升高的趋势，大片海域都高于 4 毫克每立方米，东海主要在长江口附近出现高值，南海整体叶绿素浓度较低；秋季，渤海叶绿素 a 浓度整体上有所降低，辽东湾、黄河口、莱州湾连片海域依旧呈现高值，黄海和东海叶绿素 a 浓度有所升高，南海叶绿素 a 浓度由沿岸向外海有扩展的趋势；冬季，由于季风的影响，我国海域水体垂直混合作用较强，藻类生长所需的营养盐物质比较丰富，使得各海域叶绿素 a 浓度整体升高，南海沿岸相对高值区显著向外扩展，尤其是台湾海峡和北部湾等海域。

二、图件编制

本图根据 MODIS 获取的卫星数据反演、绘制我国海域 2021 年四季叶绿素 a 浓度信息。基于卫星数据结果，将中国海域叶绿素浓度分为 9 级，以不同颜色表示。

三、资料来源

本图数据资料主要来源于美国地球观测系统的中分辨率成像光谱仪（MODIS）2021 年 Level3 叶绿素季度平均产品，数据空间分辨率 4 千米。

中国海域海水透明度分布图

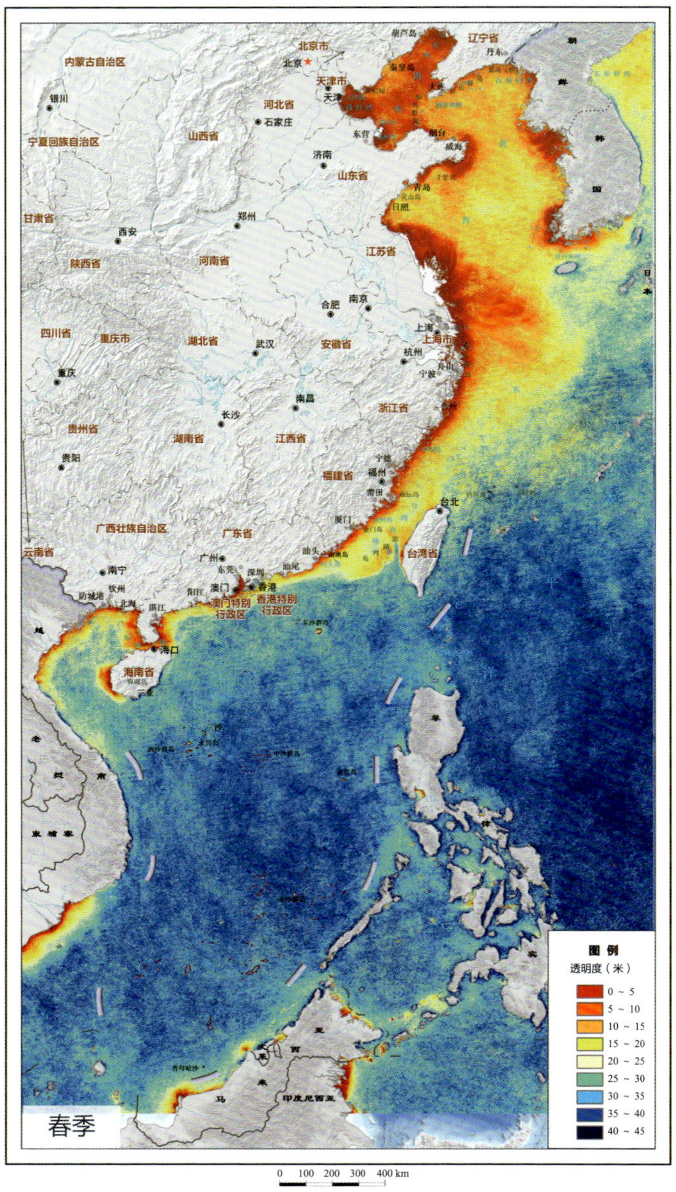

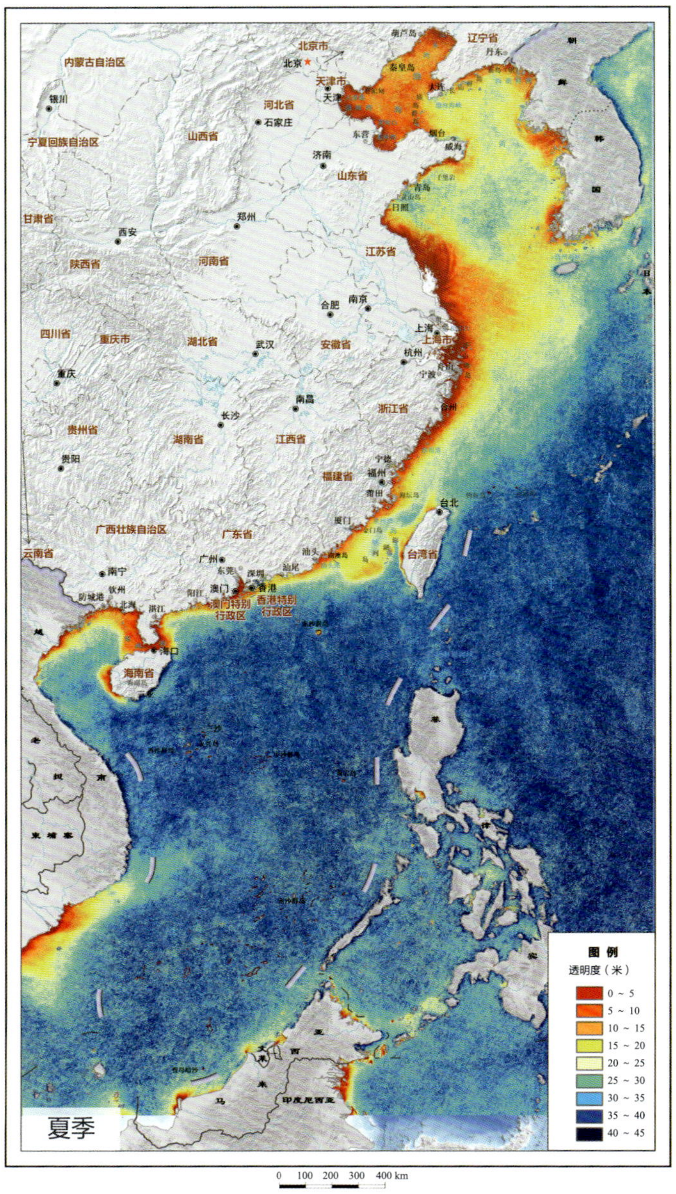

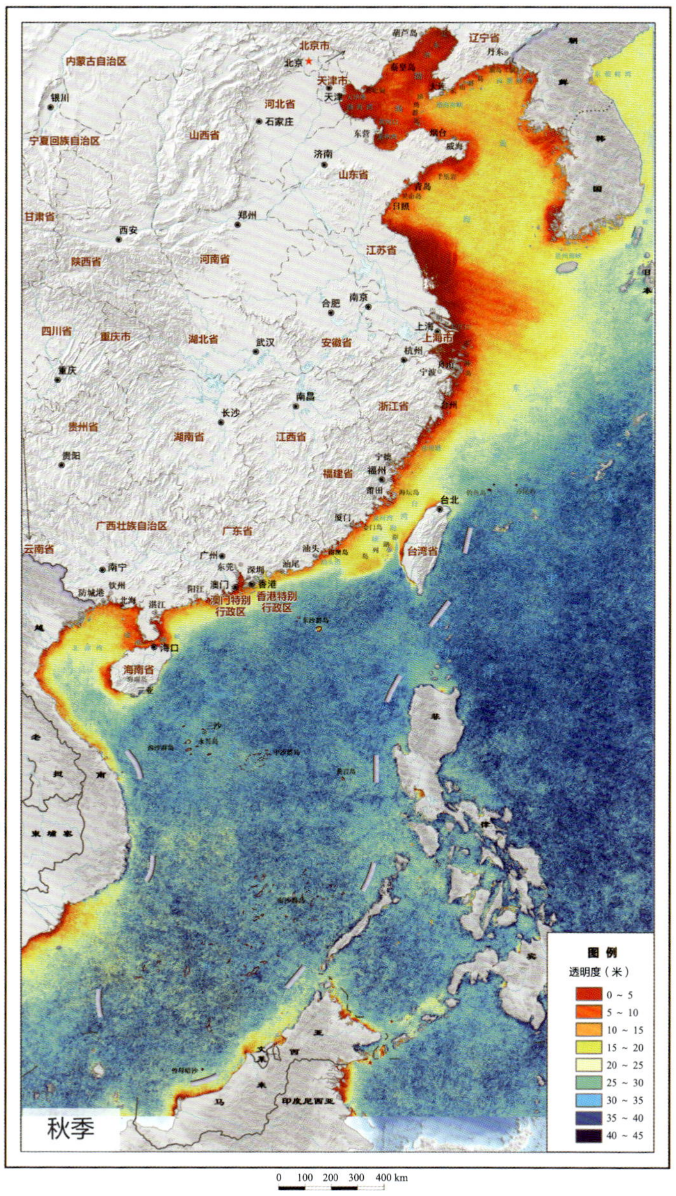

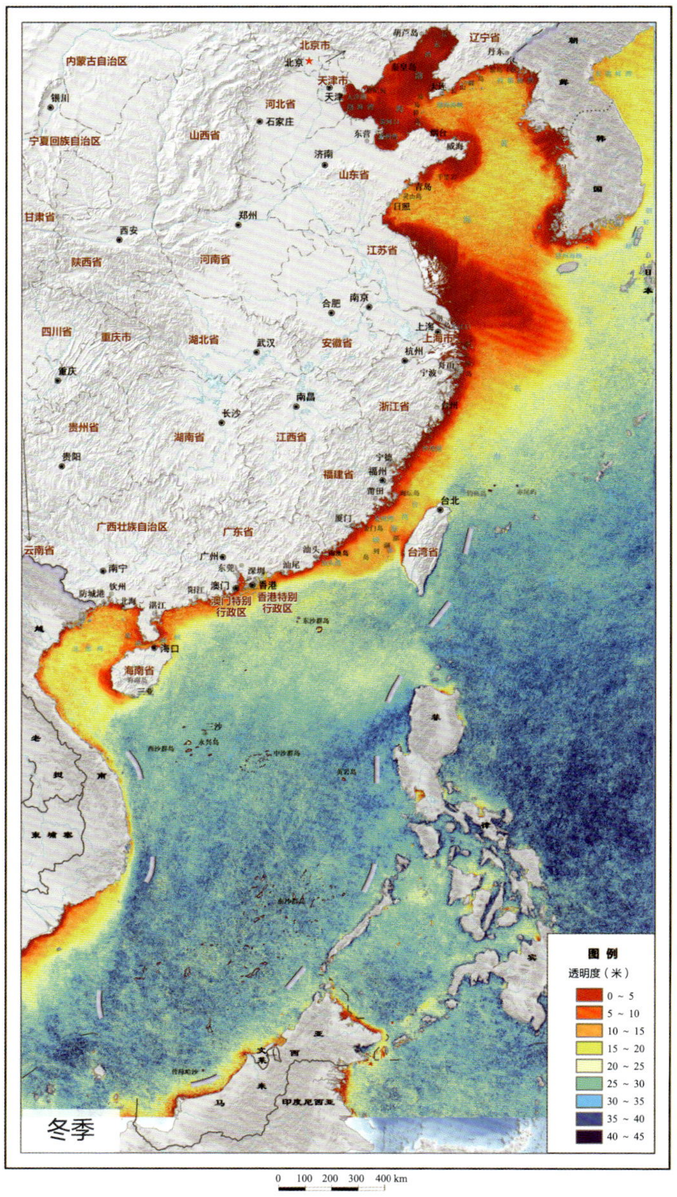

中国海域海水透明度分布图

简要说明

一、图件说明

水体透明度是直观反映水体清澈和浑浊程度的重要指标。海水的透明度取决于海水本身的光学性质，太阳光线越强，海水透明度越大，水色就越高，光线透入海水中的深度也就越深。此外，海水中悬浮物的性质和状况，对海水的透明度也有很大的影响，大洋水域辽阔，悬浮物较少，并且悬浮物颗粒比较细小，透明度较大。

由于陆源输入的悬浮泥沙等物质的影响，在大陆沿岸和岛屿沿岸海域，海水透明度较低，随着离岸距离的增加，水色透明度逐渐增加。我国海域海水透明度季节变化并不显著，总体上，冬季、春季海水透明度数值略高于夏季和秋季；渤海区域海水整体透明度较低，其次为黄海、东海海域，南海海域开阔，海水透明度整体上数值较高。

二、图件编制

本图根据 MODIS 获取的卫星数据反演、绘制我国海域 2021 年四季海水透明度信息。基于卫星数据结果，将中国海域海水透明度以不同颜色表示。

三、资料来源

本图数据资料主要来源于美国地球观测系统的中分辨率成像光谱仪（MODIS）2021 年 Level3 海水透明度季度平均产品，数据空间分辨率 4 千米。

中国海域光合有效辐射分布图

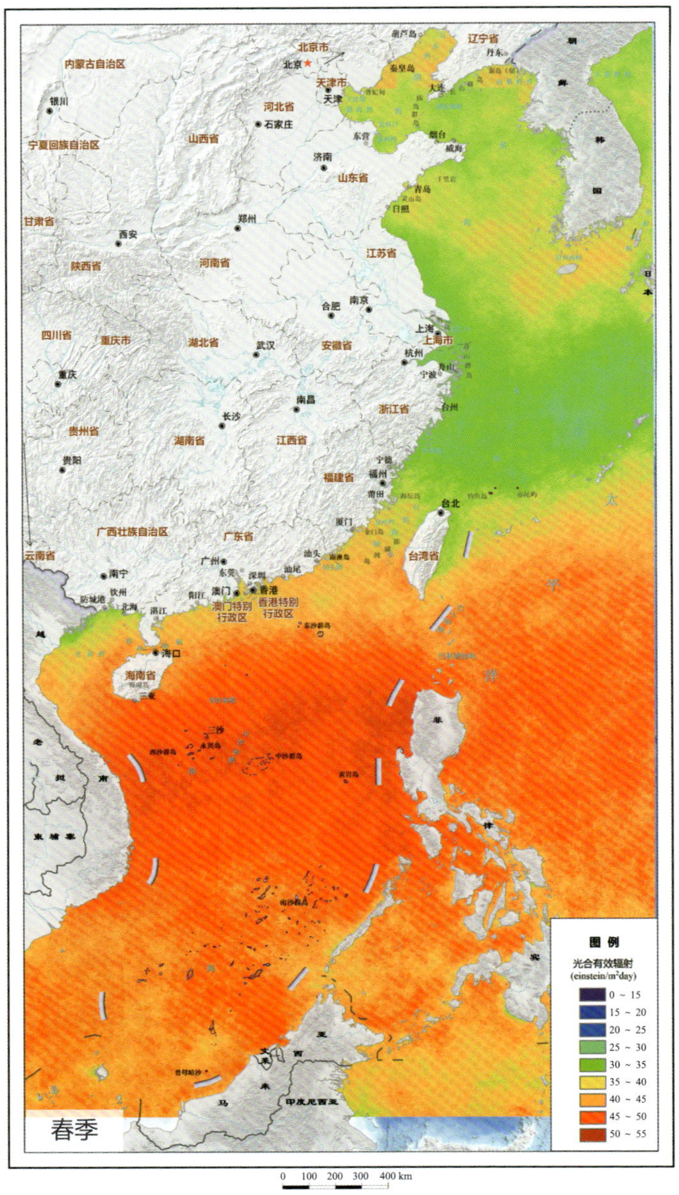

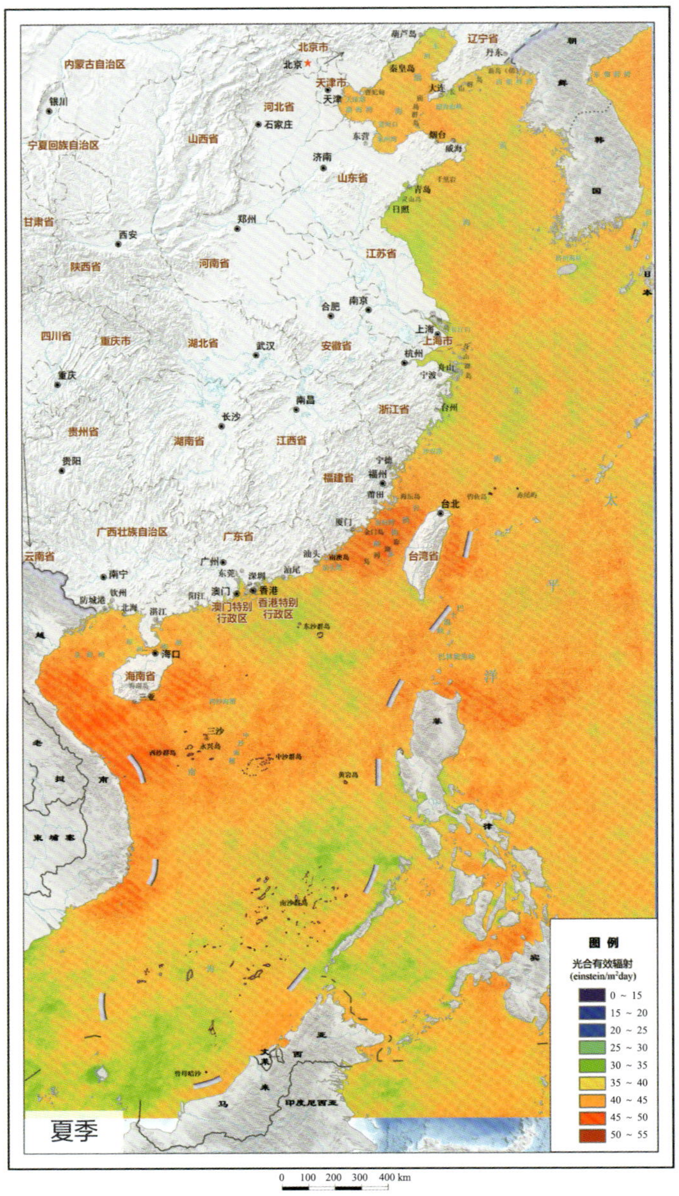

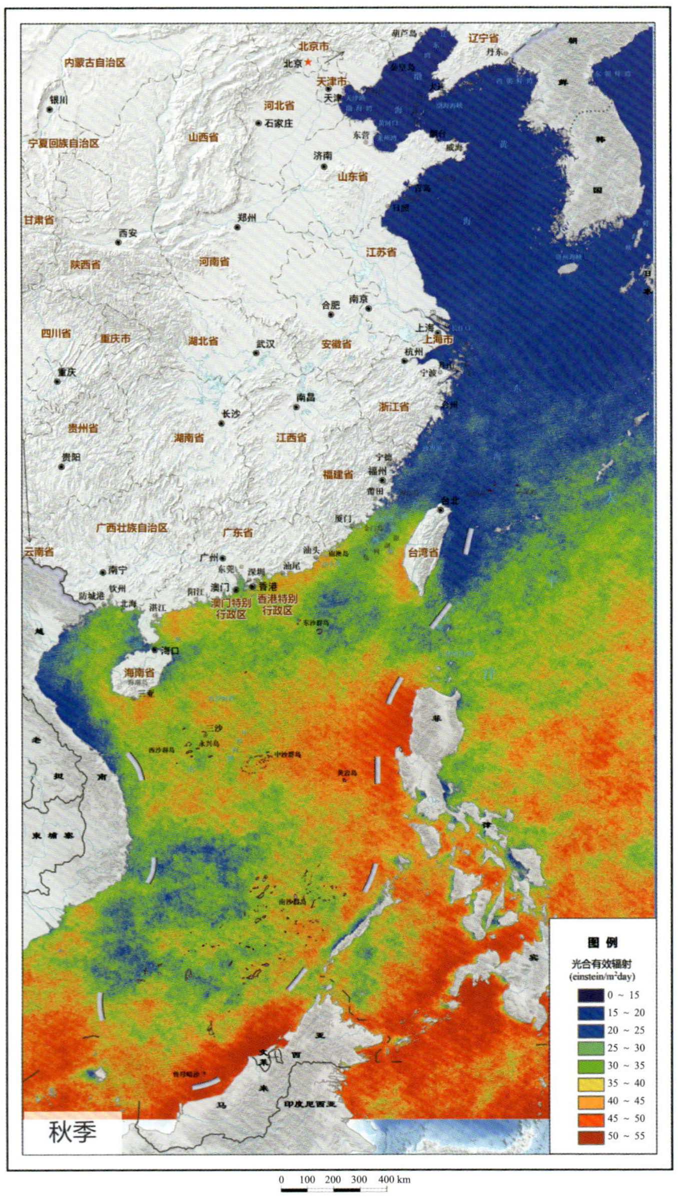

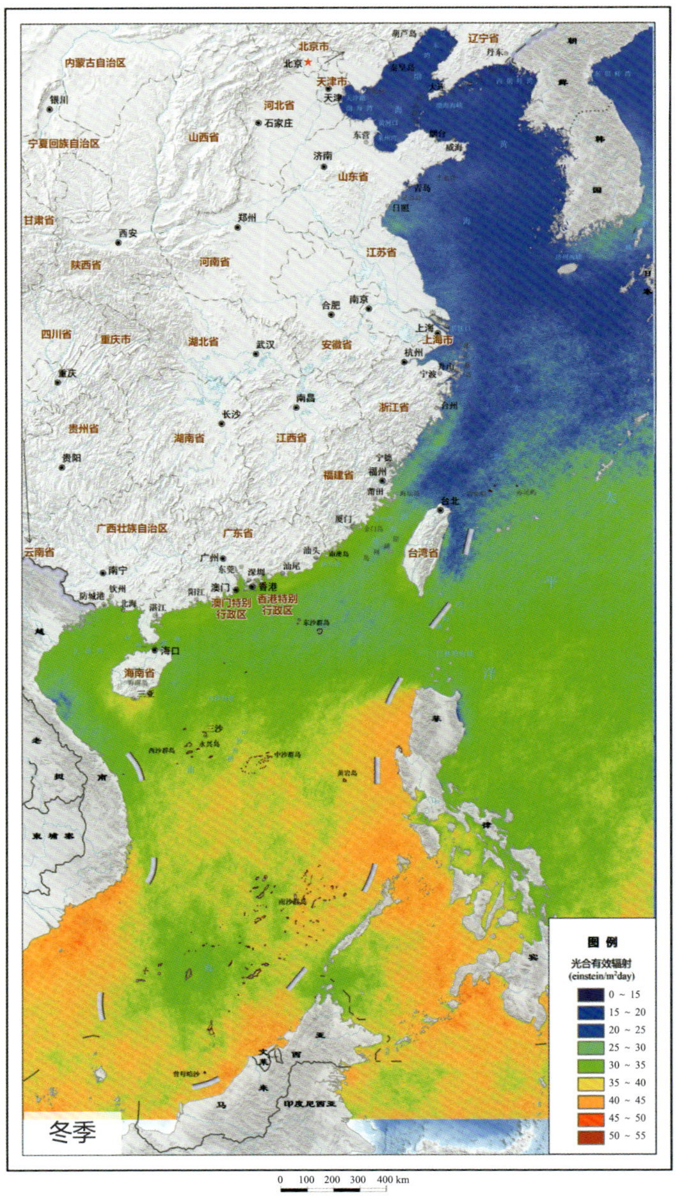

中国海域光合有效辐射分布图

简要说明

一、图件说明

光合有效辐射是指被用于光合作用的太阳辐射。近年来全球环境变化及人类的活动对陆地表层生态系统及大气系统产生了深刻影响，全球碳循环及其气候效应已成为大气科学领域普遍关注的重要问题。太阳辐射是各种生物最主要的能量来源，到达地表的太阳辐射控制着通量交换过程，是水圈、生物圈各种物理过程的基本动力。

通常，纬度越低的区域，光合有效辐射越高，随着纬度的增加，太阳辐射逐渐降低，光和有效辐射也逐渐降低。在我国海域，渤海、黄海光和有效辐射明显低于南海和东海，春季和夏季的光和有效辐射明显高于秋季和冬季。

二、图件编制

本图根据 MODIS 获取的卫星数据反演、绘制我国海域 2021 年四季光合有效辐射信息。基于卫星数据结果，将中国海域光合有效辐射高低程度以不同颜色表示。

三、资料来源

本图数据资料主要来源于美国地球观测系统的中分辨率成像光谱仪（MODIS）2021 年 Level3 光合有效辐射季度平均产品，数据空间分辨率 4 千米。

中国海域水体富营养化程度分布图

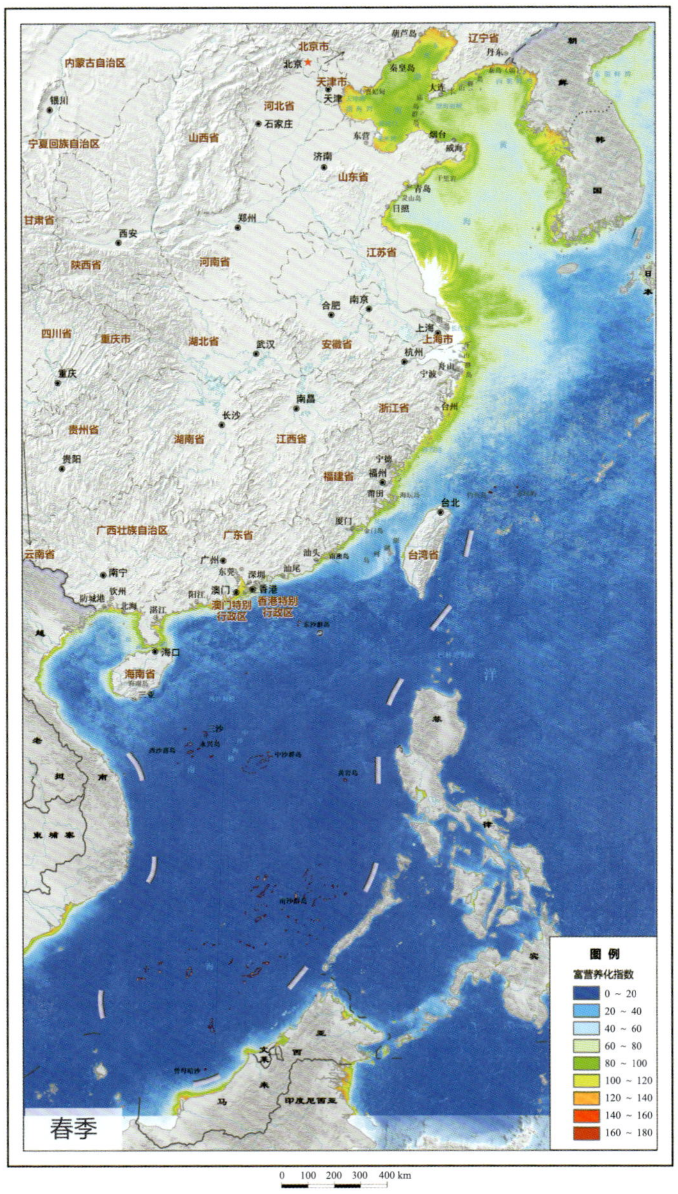

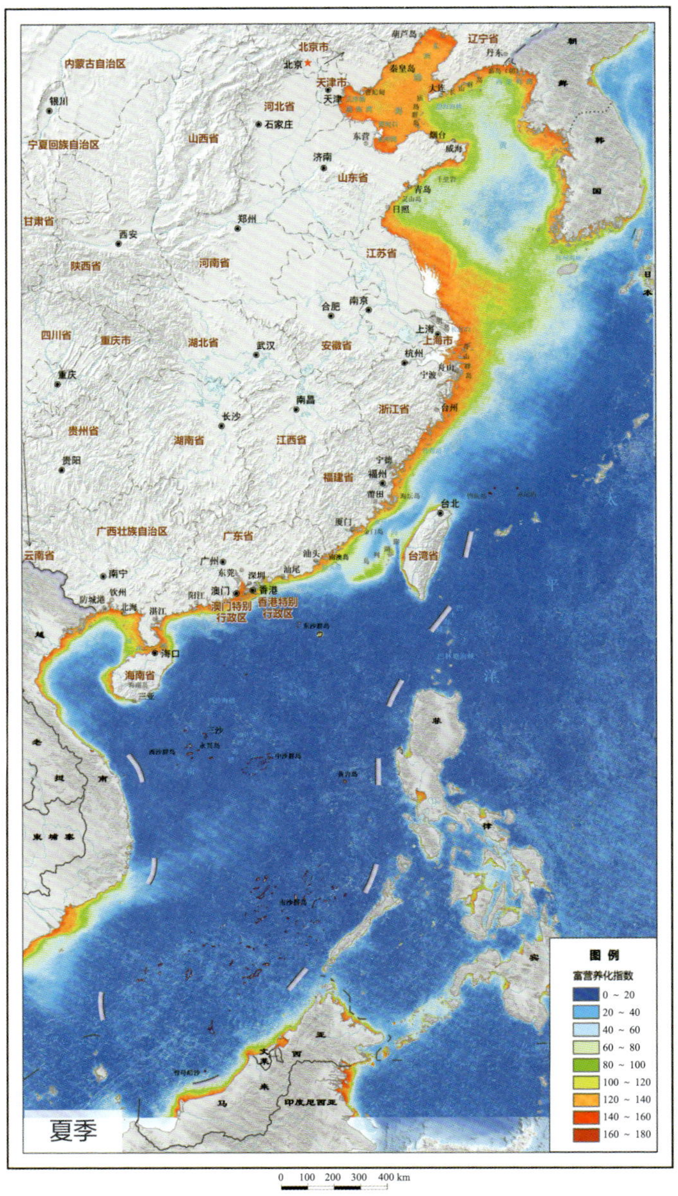

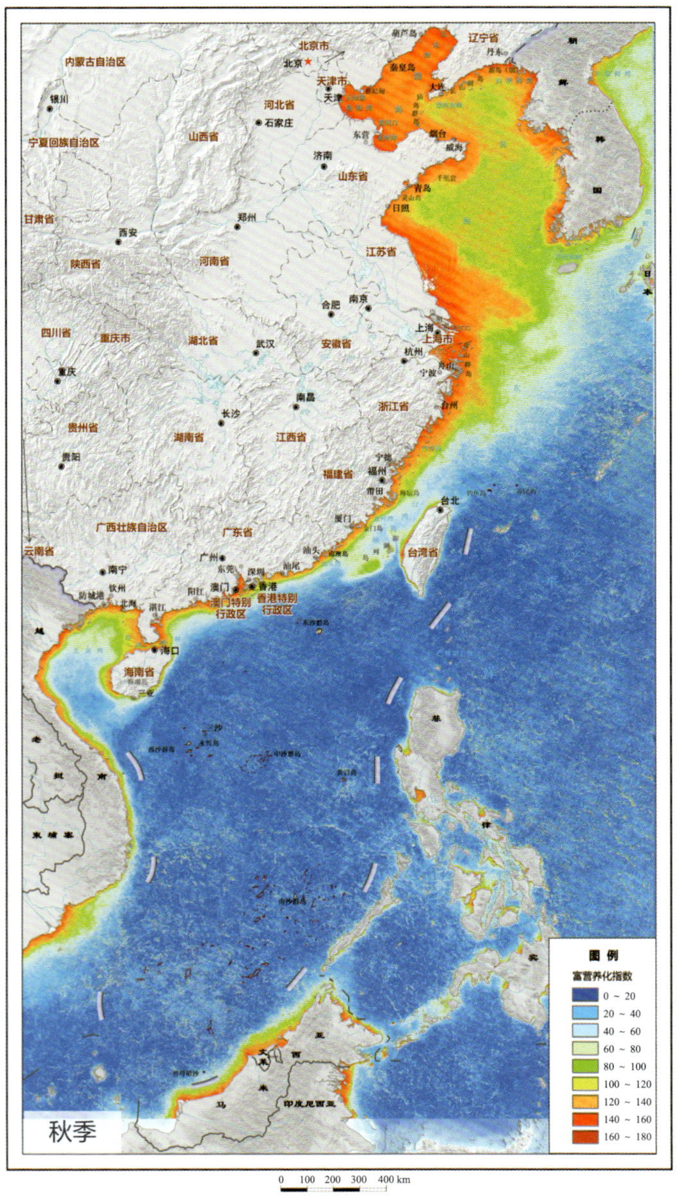

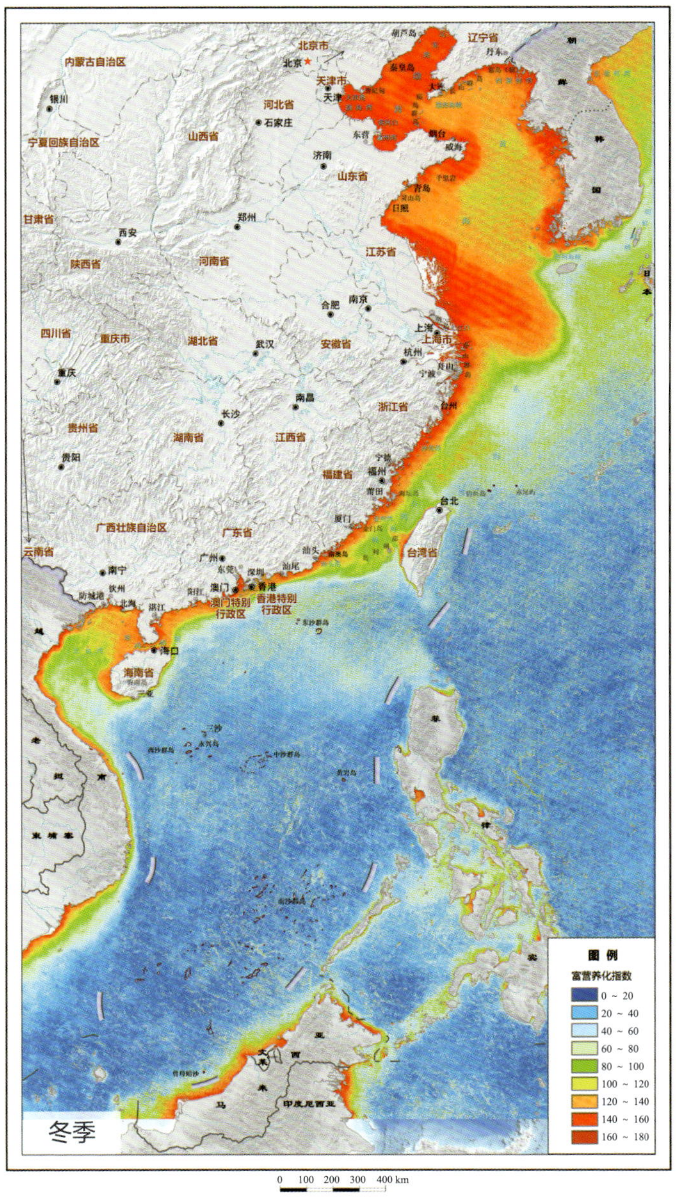

中国海域水体富营养化程度分布图

简要说明

一、图件说明

海水富营养化易引起藻类及其他浮游生物迅速繁殖，导致水质恶化。通过富营养化等级监测结果分析，可以直观地判定水体富营养化程度,用于海域分片治理。

中国近岸海域富营养化指数较高，水质较差，这不仅与港口海湾所处的自然地理环境有关，人为排放的氮磷营养盐也是主要因素之一。渤海富营养化指数较其他海域偏高，黄海和东海次之，南海海域富营养化仅在沿岸。相对而言，春季、秋季和冬季富营养化指数较高，夏季富营养化指数较低。

二、图件编制

本图根据 MODIS 获取的卫星数据反演、绘制我国海域 2021 年四季海水富营养化程度信息。基于卫星数据结果，将中国海域海水富营养化程度以不同颜色表示。

三、资料来源

本图数据资料主要来源于美国地球观测系统的中分辨率成像光谱仪（MODIS）2021 年 Level3 海水富营养化程度季度平均产品，数据空间分辨率 4 千米。

6

海洋基质

中国海域海底地形图

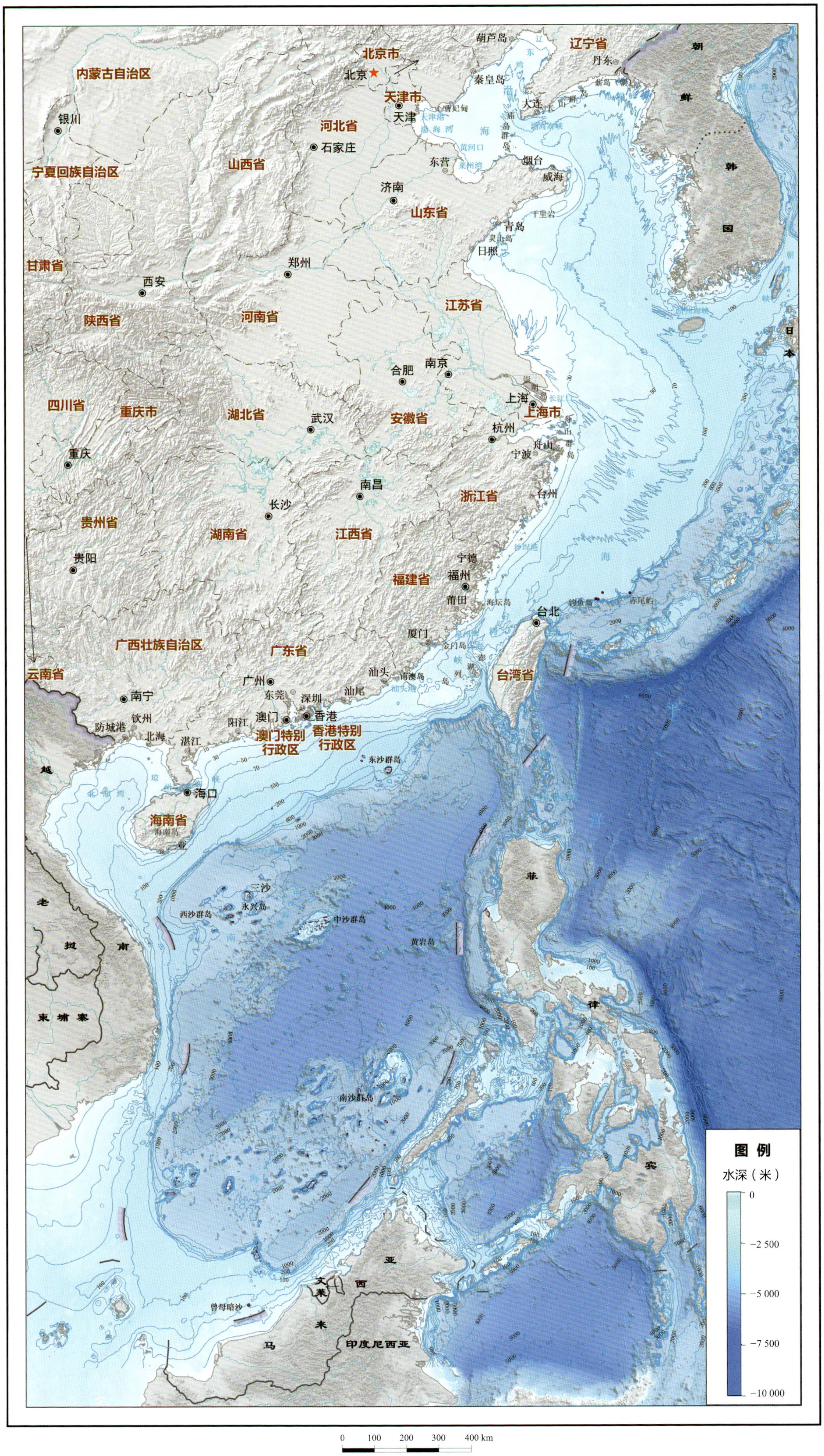
内蒙古自治区
北京市
北京
天津市
天津
河北省
石家庄
辽宁省
丹东
葫芦岛
秦皇岛
大连
烟台
威海
东营
济南
山东省
青岛
日照
宁夏回族自治区
银川
山西省
甘肃省
西安
郑州
陕西省
河南省
江苏省
合肥
南京
上海
上海市
四川省
重庆市
重庆
湖北省
武汉
安徽省
杭州
宁波
舟山
台州
浙江省
南昌
长沙
贵州省
贵阳
湖南省
江西省
宁德
福州
福建省
莆田
台北
厦门
台湾省
广西壮族自治区
广东省
云南省
广州
东莞
深圳
汕头
汕尾
南宁
钦州
防城港
北海
湛江
阳江
澳门
香港
澳门特别行政区
香港特别行政区
东沙群岛
海口
海南省
三亚
三沙
永兴岛
西沙群岛
中沙群岛
黄岩岛
南沙群岛
曾母暗沙
朝鲜
韩国
日本
越南
老挝
柬埔寨
菲律宾
马来西亚
文莱
印度尼西亚
图例
水深（米）
0
−2 500
−5 000
−7 500
−10 000
0 100 200 300 400 km

中国海域海底地形图

简要说明

一、图件说明

我国海域广袤，幅员辽阔，拥有300万平方千米的管辖海域面积和32 000千米的海岸线，其中大陆岸线北起鸭绿江口，南至北仑河口，总长度约为18 000千米。我国近海包括渤海、黄海、东海、南海和台湾岛以东的太平洋的一部分，海域总面积约473万平方千米。我国近海被众多的岛屿和半岛环绕，东北有朝鲜半岛，东部有九州岛、琉球群岛，东南部有菲律宾群岛，西南有马来半岛和中南半岛，南部有加里曼丹岛等。

海底地形总体表现为北西向南东倾斜，根据地理位置不同将其分为东部海域、南部海域和台湾以东海域三大海底地形区。东部海域地势自西向东南缓慢倾斜至东海陆架外缘后迅速下降；南部海域地势从周边向中央倾斜；台湾以东海域地势以岛架为中心分别向东南、西南侧倾斜下降。

二、图件编制

基于实测水深数据，0 ~ 10米水深按10米等深间隔划分，10 ~ 70米水深按20米等深间隔划分，70 ~ 100米水深按30米等深间隔划分，100 ~ 200米水深按100米等深间隔划分，200 ~ 1 000米水深按400米等深间隔划分，大于1 000米水深按1 000米等深间隔划分。

根据不同海域海底地形整体变化趋势，依照整体地势形态为主、区域划分为辅的原则，再将海底地形分区进一步细化。依据海底地形变化趋势和地形表面形态特征，将中国邻近海域地形分为五类地形区，分别是：近岸地形区（中国大陆近岸水深在20 ~ 40米以浅区域）、陆架（岛架）地形区（近岸地形区以外至东海陆架坡折线160米水深之间）、陆坡（岛坡）地形区（东部海域陆坡地形区从坡折线处的160米迅速下降到1 000 ~ 1 800米，岛坡水深范围100 ~ 6 500米；南海陆坡和岛坡地形高差起伏较大，水深范围大致在200 ~ 3 800米之间）、岛弧地形区和深海盆地（海槽）地形区（冲绳海槽水深基本在200 ~ 2 322米；台湾以东海区发育的深海盆地水深变化范围为700 ~ 6 500米；南海盆地水深3 400 ~ 5 400米）。

三、资料来源

本图数据来源于中国地质调查局组织实施的海洋基础地质、海岸带综合地质等调查。

中国海域海底地貌图

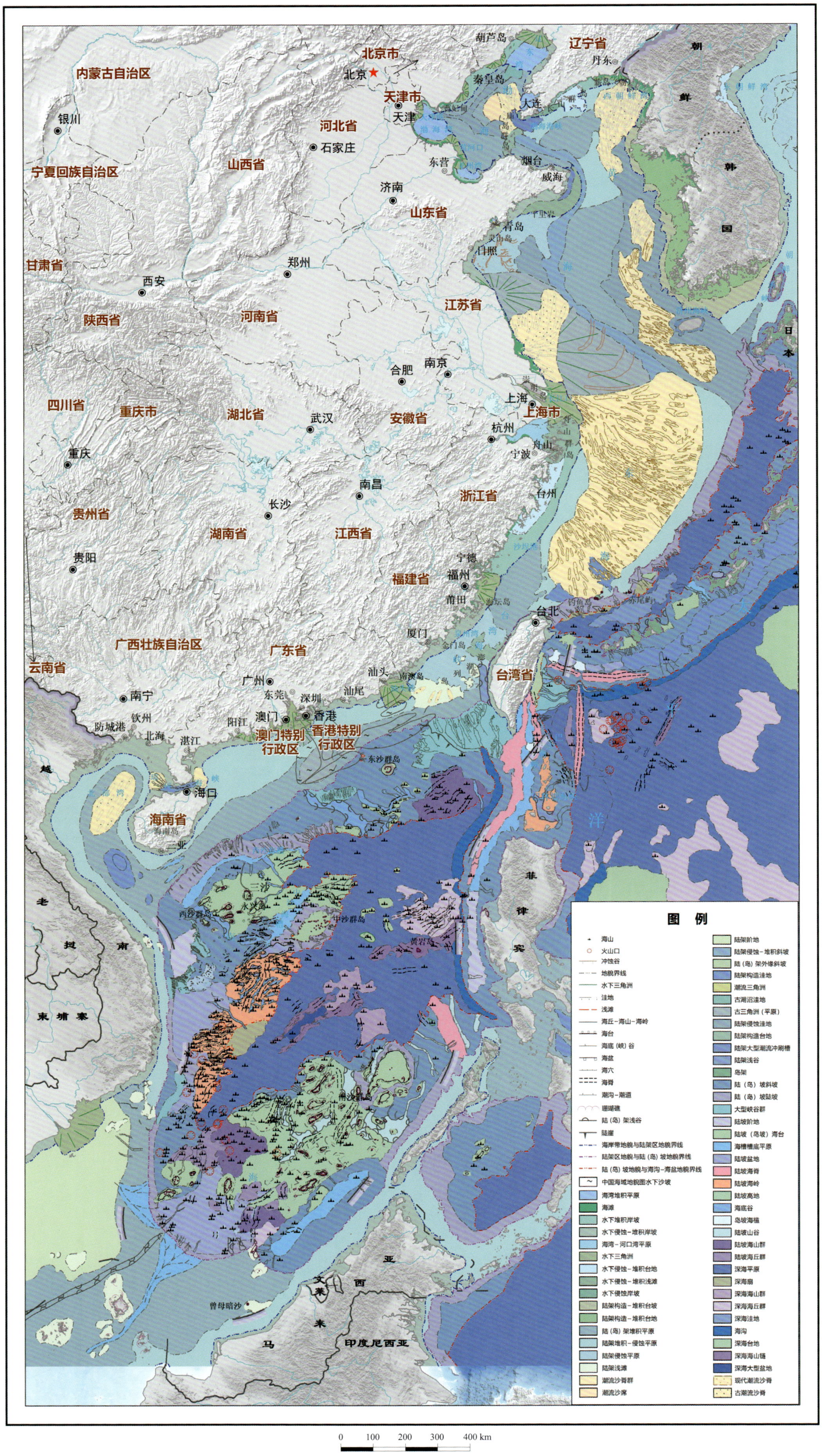
内蒙古自治区
北京市
北京
葫芦岛
辽宁省
丹东
秦皇岛
天津市
天津
大连
银川
河北省
石家庄
宁夏回族自治区
山西省
东营
烟台
威海
济南
山东省
青岛
日照
甘肃省
西安
郑州
江苏省
陕西省
河南省
合肥
南京
上海
上海市
四川省
重庆市
湖北省
武汉
安徽省
杭州
舟山
宁波
重庆
南昌
浙江省
台州
长沙
贵州省
湖南省
江西省
宁德
贵阳
福州
福建省
莆田
台北
广西壮族自治区
广东省
厦门
云南省
汕头
台湾省
广州
南宁
东莞
深圳
汕尾
钦州
澳门
香港
防城港
北海
阳江
澳门特别行政区
香港特别行政区
湛江
东沙群岛
海口
海南省
西沙群岛
中沙群岛
黄岩岛
曾母暗沙
朝
鲜
韩
国
日本
越
老
挝
南
柬埔寨
菲
律
宾
文莱
马
来
西
亚
印度尼西亚
洋
图 例
海山
火山口
冲蚀谷
地貌界线
水下三角洲
洼地
浅滩
海丘-海山-海岭
海台
海底（峡）谷
海盆
海穴
海脊
潮沟-潮道
珊瑚礁
陆（岛）架浅谷
陆崖
海岸带地貌与陆架区地貌界线
陆架区地貌与陆（岛）坡地貌界线
陆（岛）坡地貌与海沟-海盆地貌界线
中国海域地貌图水下沙坡
海湾堆积平原
海滩
水下堆积岸坡
水下侵蚀-堆积岸坡
海湾-河口湾平原
水下三角洲
水下侵蚀-堆积台地
水下侵蚀-堆积浅滩
水下侵蚀岸坡
陆架构造-堆积台坡
陆架构造-堆积台地
陆（岛）架堆积平原
陆架堆积-侵蚀平原
陆架侵蚀平原
陆架浅滩
潮流沙脊群
潮流沙席
陆架阶地
陆架侵蚀-堆积斜坡
陆（岛）架外缘斜坡
陆架构造洼地
潮流三角洲
古湖沼洼地
古三角洲（平原）
陆架侵蚀洼地
陆架构造台地
陆架大型潮流冲刷槽
陆架浅谷
岛架
陆（岛）坡斜坡
陆（岛）坡陡坡
大型峡谷群
陆坡阶地
陆坡（岛坡）海台
海槽槽底平原
陆坡盆地
陆坡海脊
陆坡海岭
陆坡高地
海底谷
岛坡海槛
陆坡山谷
陆坡海山群
陆坡海丘群
深海平原
深海扇
深海海山群
深海海丘群
深海洼地
海沟
深海台地
深海海山链
深海大型盆地
现代潮流沙脊
古潮流沙脊
0 100 200 300 400 km

中国海域海底地貌图

简要说明

一、图件说明

我国海域位于欧亚大陆东部和东南部边缘，紧邻西北太平洋，因毗邻的西北太平洋边缘海域沟、弧、盆体系十分发育，致使海底地貌由浅至深，广泛发育了大陆地貌、过渡地带地貌和大洋地貌等各种地貌类型。

二、图件编制

海底地貌依据国标 GB/T 12763.10−2007 进行分类。采用“形态与成因相结合，内营力与外营力相结合，分类与分级相结合”的分类原则。根据地貌形成的主次因素，采取分析组合方法，依据发育规模，先宏观后微观，先群体后个体的惯例划分了四级地貌单元。一级地貌单元是根据板块构造环境以及形态特征进行的划分，属明显受板块构造控制形成的巨型或大型地貌，将研究区内地貌划分为大陆地貌、过渡带地貌和大洋地貌；二级地貌是在一级地貌基础上，进一步按地壳类型、地质构造和外营力因素划分的大型地貌，海底二级地貌分为海岸带地貌，陆架（岛架）、陆坡（岛坡）地貌和深海盆地地貌，区域内的二级地貌主要受构造盆地的控制；三级地貌是在一、二级地貌的基础上受内、外营力共同作用形成并根据形态特征划分出来的中型地貌，如陆架侵蚀平原、潮流沙脊群、岛坡斜坡等；四级地貌是在三级地貌基础上进一步细分出来的独立小型地貌实体，主要根据地貌形态进行划分，但也存在少数受构造因素控制的地貌，如海山、海丘、陆架浅谷等。

三、资料来源

本图数据来源于中国地质调查局组织实施的海洋基础地质、海岸带综合地质等调查，在中国邻近海域主要采用历史图件和公开资料进行填补。

中国海域海底沉积物类型图

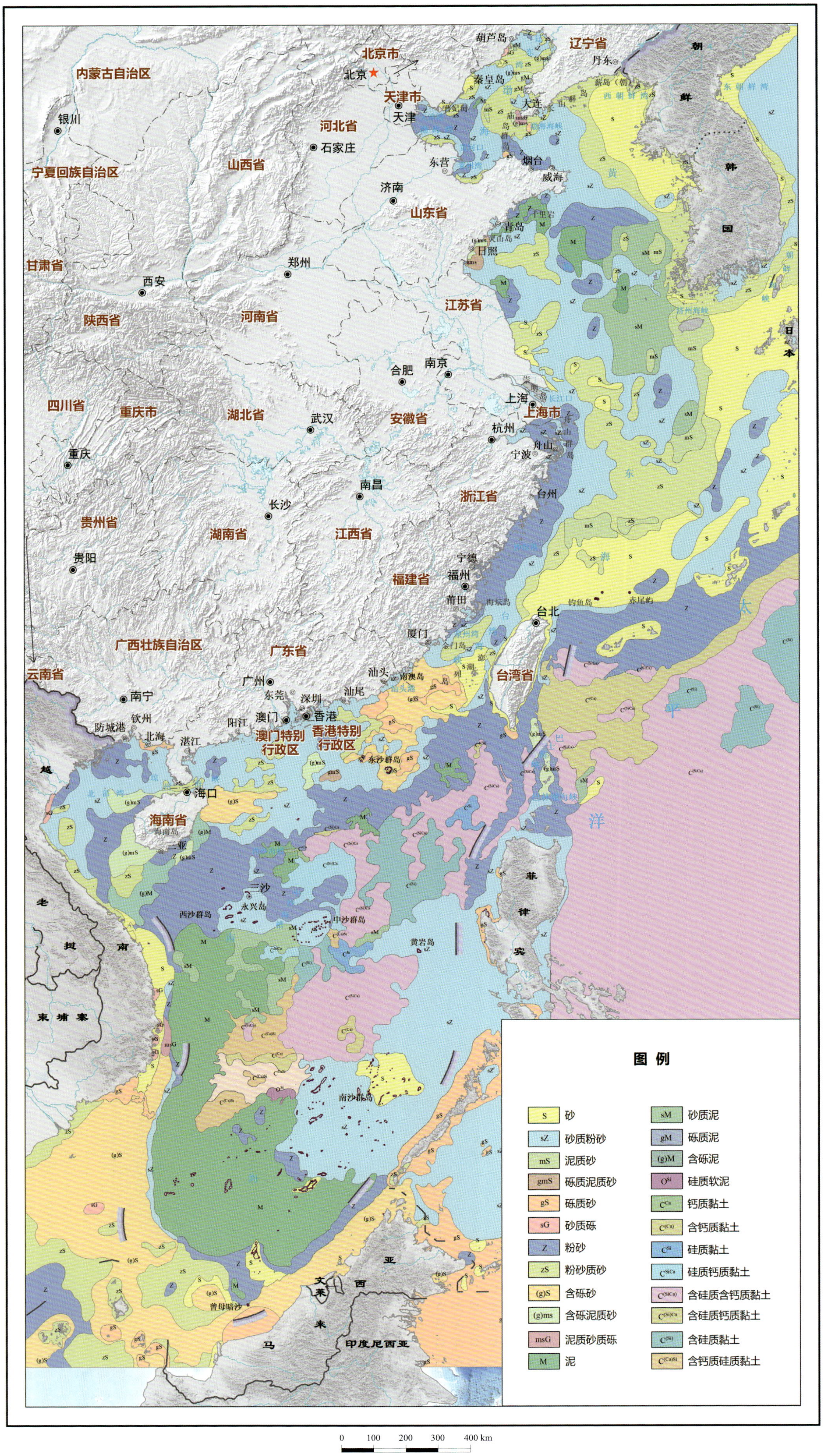

中国海域海底沉积物类型图

简要说明

一、图件说明

我国海域海底沉积物以不含砾沉积物为主，主要有砂、粉砂、泥质砂、粉砂质砂、砂质泥、砂质粉砂，其中砂质粉砂和粉砂分布最多，广泛分布于陆架和陆坡区域；砂主要分布于100米等深线以东的东海外陆架区；泥大面积集中分布于南海西南陆坡。含砾沉积物主要有砂质砾、砾质砂、泥质砂质砾、砾质泥、含砾泥质砂、含砾泥、含砾砂、砾质泥质砂、含砾砂质泥，集中分布在台湾海峡、南海北部陆架以及巽他陆架区，此外在渤海老铁山水道附近以及海洲湾近岸也有一定分布；硅质软泥、钙质黏土、硅质黏土等深海沉积物类型主要分布在南海海盆。

二、图件编制

沉积物类型命名及分类方法基于水深，按两种方案进行分类命名。

小于3 000米水深的区域陆源碎屑沉积物的命名参照Folk等（1970）分类方法，即按粒度含量的三角形命名方法，Folk法将含砾的沉积物和不含砾的沉积物分别进行命名。含砾的沉积物划分为10种：砾、砂质砾、砾质砂、泥质砂质砾、砾质泥、含砾泥质砂、含砾泥、含砾砂、砾质泥质砂、含砾砂质泥。不含砾沉积物划分为10种：砂、粉砂、黏土、泥、泥质砂、粉砂质砂、砂质粉砂、砂质泥、砂质黏土、黏土质砂。

对于大于3 000米的沉积物，其命名方案采用Berger（1974）提出的深海远洋沉积物分类命名方案。Berger的沉积物分类命名方案包括远洋黏土和软泥两大类。远洋黏土命名规则为$CaCO_3$和硅质生物化石 > 1%时参加命名；$CaCO_3$含量1% ~ 10%，为含钙质黏土；$CaCO_3$含量10% ~ 30%，为钙质黏土；硅质化石含量1% ~ 10%，为含硅质黏土；硅质化石含量10% ~ 30%，为硅质黏土；当$CaCO_3$含量和硅质化石含量均可参加命名时，则采用混合命名。软泥的命名规则是当沉积物中$CaCO_3$含量或硅质化石含量 > 30%时参加命名，30% < $CaCO_3$ < 67%为钙质软泥，$CaCO_3$含量 < 30%且硅质化石含量 > 30%为硅质软泥。

三、资料来源

本图数据来源于中国地质调查局组织实施的海洋基础地质、海岸带综合地质调查，在中国邻近海域主要采用历史图件和公开资料进行填补。

FOLK R L, ANDREWS P B, LEWIS D W, 1970. Detrital sedimentary rock classification and nomenclature for use in New Zealand[J]. New Zealand Journal of Geology and Geophysics, 13(4): 937−968.

BERGER W H, 1974. Deep-sea sedimentation. BURKE C A and DARKE C D, the geology of continental margins[M]. New York: Springer, 213−241.

中国海域灾害地质图

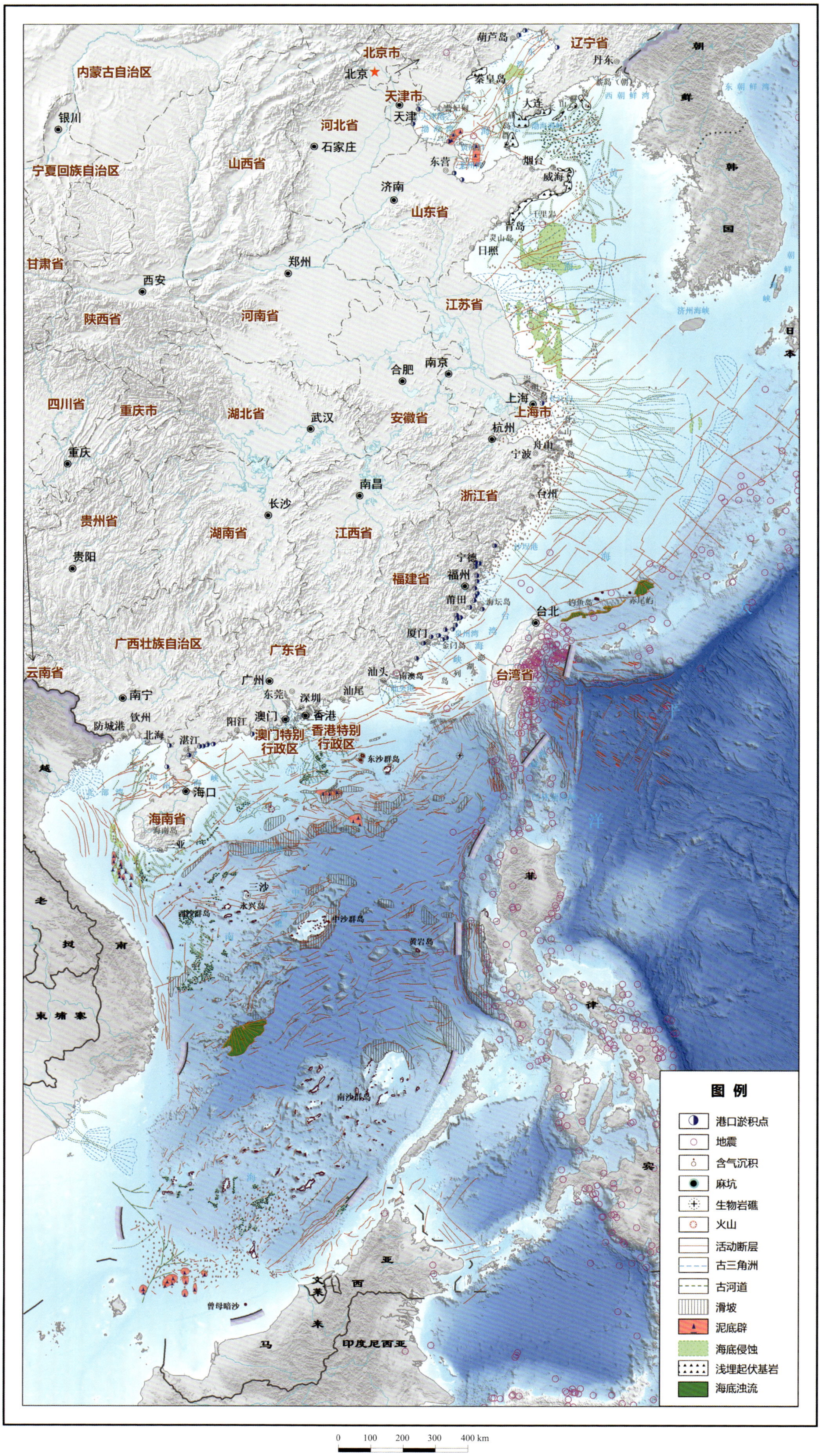
图 例
港口淤积点
地震
含气沉积
麻坑
生物岩礁
火山
活动断层
古三角洲
古河道
滑坡
泥底辟
海底侵蚀
浅埋起伏基岩
海底浊流
内蒙古自治区
北京市
北京
天津市
天津
河北省
石家庄
辽宁省
丹东
葫芦岛
秦皇岛
大连
东营
烟台
威海
银川
宁夏回族自治区
山西省
济南
山东省
青岛
日照
甘肃省
西安
郑州
陕西省
河南省
江苏省
合肥
南京
上海
上海市
四川省
重庆市
湖北省
武汉
安徽省
杭州
宁波
舟山
重庆
南昌
长沙
浙江省
台州
贵州省
湖南省
江西省
贵阳
福建省
宁德
福州
莆田
台北
厦门
广西壮族自治区
广东省
台湾省
云南省
汕头
广州
东莞
深圳
汕尾
南宁
钦州
防城港
北海
湛江
阳江
澳门
香港
澳门特别行政区
香港特别行政区
东沙群岛
海口
海南省
三沙
永兴岛
中沙群岛
黄岩岛
南沙群岛
曾母暗沙
朝
鲜
韩
国
日
本
越
老
挝
南
柬埔寨
文莱
马
来
西
亚
印度尼西亚
0 100 200 300 400 km

中国海域灾害地质图

简要说明

一、图件说明

中国海域灾害地质图综合展示了我国海洋灾害地质类型的分布、活动性与危害程度，判明潜在的环境地质问题和海洋地质灾害，分析说明海洋地质环境演变与海洋环境地质因素的关系，为海洋工程建设、海洋油气资源开发、海岛开发、沿岸工程建设提供了科学依据。

我国海域灾害地质类型主要有港口淤积、地震、浅层气、麻坑、暗礁、火山口、海底侵蚀沟槽、水下三角洲、海底扇、活动断层、埋藏古三角洲、埋藏古河道、滑坡面、泥底辟、古湖泊洼地面、浅埋基岩面等类型。

二、图件编制

结合自然地理环境、地质背景和调查研究程度，遵循科学、实用的原则，将海洋环境地质因素分为自然成因和人为成因两大类。自然成因划分为构造活动、重力（斜坡）作用、侵蚀－堆积作用、海岸（海洋）动力作用和特殊地质体等五类；人为成因按人类活动区域分为海岸人类活动与离岸人类活动两类。

以自然成因为主的海洋环境地质因素主要有地震、火山、活动断层、滑坡、海岸与海床侵蚀、泥底辟、浅层气、暗礁、麻坑、古河道、古三角洲、浅埋起伏基岩等；人为成因的海洋环境地质因素主要有港口、航道淤积等。

三、资料来源

本图数据来源于中国地质调查局组织实施的海洋基础地质、海岸带综合地质等调查以及美国地质调查局全球地震统计数据（1900—2020）。

中国海域海底稳定性综合区划图

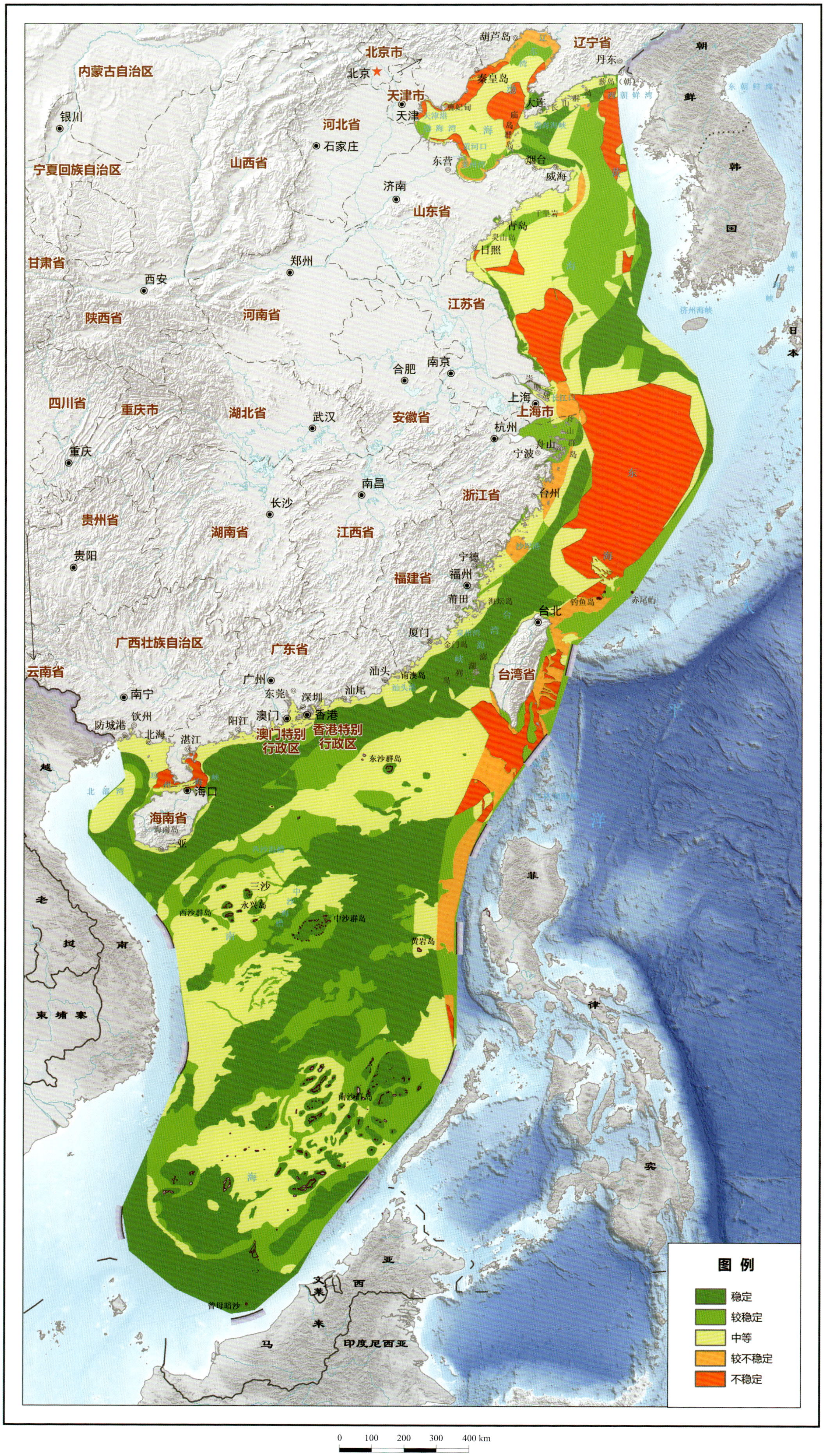

中国海域海底稳定性综合区划图

简要说明

一、图件说明

中国海域海底稳定性综合区划图旨在反映我国海域地质环境对人类工程活动的适宜程度，构建了以地震烈度、地貌、直接型灾害地质类型和限制型地质灾害类型为主要评价指标的海底稳定性评价指标体系，利用层次分析法确定各评价指标权重值，基于模糊综合评价结果和数据统计分析对中国海域海底稳定性进行定量评价，划分为五级：不稳定区、较不稳定区、中等区、较稳定区和稳定区。

不稳定区集中分布于渤海西部、南黄海苏北浅滩区、南海东部等。主要特征是地震烈度高，地貌类型复杂且直接灾害地质类型发育。

较不稳定区主要分布于渤海、北黄海中西部、南黄海中部、苏北浅滩东部、长江口沿岸、东海中东部、南海东部、琼州海峡等。主要特征是地震烈度较高，地貌类型复杂。

稳定性中等区主要分布在渤海大部、南黄海西部和南海北部海域。

较稳定区主要分布在渤海海峡西侧、南黄海中部、东海近岸、南海中南部。

稳定区主要分布在北黄海西部、南黄海东部和南海中南部。

二、图件编制

选用地震烈度、直接型灾害地质类型、地貌区划类型、限制型灾害地质类型四类指标作为评价因子，根据对评价因子稳定性的影响程度分别赋予五个等级的隶属度值，即 0.15，0.30，0.55，0.80，0.85。利用层次分析法，根据实际数值得出各评价指标的权重值。通过模糊矩阵运算，得到评价单元的综合评价结果。评价值介于 0.17 ~ 0.25 为稳定区、0.25 ~ 0.35 为较稳定区、0.35 ~ 0.6 为中等区、0.6 ~ 0.85 为较不稳定区、0.85 ~ 1.0 为不稳定区。

三、资料来源

本图数据来源于中国地质调查局组织实施的海洋基础地质、海岸带综合地质调查以及公开发表的中国海域地震烈度数据。